北歐風空間設計

暢銷改版

500

設計師不傳的私房秘技

U0012532

INDEX

CONTENTS

CHAPTER 1
空間細節設計

PART 1
壁面

壁面於北歐風的空間中,有著非常重要的地位。無論是明亮清新或是沉穩柔和都是常見的色彩風格,與各式材質相互搭配,秉持著乾淨簡單為最高原則,反覆交織將決定最終空間的北歐風格類型。

圖片提供©大湖森林室內設計

001
木質圍繞營造自然無壓

在明亮乾淨的色調中,選用保有材質原貌的淺色木材,散發舒適單純的自然氣息,是北歐風格的重點手法,將室內營造出溫潤、柔和的氛圍。

圖片提供©馥閣設計

002
白淨背景突顯傢具主題

正因為北歐的冬天寒冷又漫長，為了能長時間
待在室內而不感到疲勞，白色是在地居民普遍
會使用的色彩，能讓空間視感更為擴大，加上
白淨是百搭的顏色，更能突顯傢具主題。

003
磚材鋪陳的復古氛圍

無論是迷人的馬賽克磚或是帶有復古風味的文化
石磚等磚材，都能為北歐風的簡約調性增加不同
的生命力。

圖片提供©馥閣設計

圖片提供©地所設計

004
塗料粉刷的不同風貌

以塗料刷亮局部牆面，選擇粉色系或是亮色系營
造出北歐風的清新活潑感，若是想低調些的話，
不妨試試以水泥打造風格混搭的北歐居家吧。

圖片提供＠馥閣設計

圖片提供＠頑漢設計

005 打造文化石的表情變化

全室潔白設色鋪陳，以文化石打造壁面繁複的拼貼表情，成為突出、深具生命力的溫暖點綴，刻意不鋪滿的斑駁手法，不僅讓視覺有喘息空間，也讓廚房與客廳有共通連結。低背椅／有情門。吊燈／毒的燈飾

006 栓木皮編織鏤空屏風

踏入玄關，就能看見這座以栓木木皮直橫90度交錯做成的鏤空柵欄，搭配鐵件烤漆框架，與一旁的栓木電視牆相呼應，作材質上的延伸與變化。整個屏風不僅是隔間的作用，鏤空設計更突顯木質色澤與量體的輕盈感。

007 木材與鐵件的融合應用

以淺色木紋鋪陳整體壁面，內部留空後嵌入黑色層板打造為另類展示平台，溫潤的木質感包覆著生硬冰冷的鐵件，不僅營造視覺上的衝突，也組夠另類的北歐美學型態。

008 隱身不規則線條的入口

橫亙空間中軸線大樑，以白色原木牆面統一視覺，是大門入口的視覺端景牆，也是餐廳背牆，牆面切割線背後，隱藏通往另一個私密空間，收納等機能，變動中帶有秩序的線條為櫃體增添表情變化，也將把手隱藏於細節之中。

007

圖片提供@PartiDesign Studio

008

圖片提供@水相設計

009

圖片提供@耀昀設計

009 質感木主牆兼備美型與機能

利用一樓父母房隔間牆貼上山形紋木皮作為電視主牆，主牆下段空間則作雙向使用的收納區；左側廚房以簡單L型檯面搭配吧檯設計取代餐廳，並在木櫥櫃上方以玻璃隔間為樓上房間開窗，讓公共區擁有美型機能主牆面。

010 簡練木色電視牆展示極簡北歐風

屋主訴求完全乾淨的電視牆，原本是連電器櫃的規劃都沒有，只要乾淨的木色牆壁，但擔心家中孩童爬上爬下把電器弄壞，於是設計師以鐵件為材質，噴砂玻璃做櫃門，盡量以簡單線條規劃電器櫃，使其保有極簡特質又兼具生活實用。

011 暖灰主牆帶來空間北歐感

為了讓長輩過更舒適的生活，也讓自己回家能享受渡假氛圍，屋主買下這透天別墅，並在客廳以暖灰色主牆搭配布沙發、圖騰地毯來營造紓壓感，而遮掩樓梯的格子櫃與落地窗的穿透明快感，更展現現代時尚旅店般的俐落簡約。

012 鐵件與水泥展現自然質感

從玄關處就開始延伸的電視牆，選用水泥漆料讓壁面呈現自然沉穩的氣息，再輔助鐵件製成的黑色鞋櫃，頂天立地的高度自然地成了空間視覺上的一道線條，同時兼具收納功能。

010

圖片提供@思維設計

011

圖片提供@珥城設計

012

圖片提供@地所設計

013

014

015

013 材質交替運用增添層次變化

呼應整體空間的淺色系，木素材也以淺色做選擇，並利用牆面貼皮與木作櫃二種形式呈現，讓木設計為空間增加溫暖感受，電視主牆延續至餐廳牆面以白色文化磚牆做處理，藉由磚牆質感替牆面增添更多表情變化。

014 文化石讓家充滿手作感

只要選擇對的材質，時間就是最好的裝飾。好的材質不僅耐用，更不會隨著歲月衰敗，就像木化石擁有斑駁、質樸的質感，使用於空間中，不只有人文氣息，還充滿手作味道，也成為最具有靈魂的形體。

015 仿舊木紋感磁磚鋪陳

30坪的老屋改造，在屋主對於老舊物件喜愛的前提下，設計師決定讓空間回歸簡練的線條架構，電視牆特別選用仿舊斑剝肌理的磁磚鋪飾，搭配下方的老件木櫃，更顯復古感受。

016 白色也有多種層次的表情

天、地、壁分別是以漆、雪白銀狐大理石、拋光石英磚鋪陳，演繹同一空間中不同的潔白語彙、賦予空間層次。由於客廳範圍有限，設計師特別將電器櫃移至臨窗榆木平台、電視牆鋪貼9公分大理石、減輕量體厚度，釋放更多的活動空間。餐桌、單椅、茶几／有情門

017 粗獷木紋理表現自然北歐

電視牆取肌理粗獷的大橡木為主視覺，藉由鮮明地木紋深淺變化，帶出北歐崇尚自然的精神，並巧妙運用紋理藏匿門片溝縫，隱藏式收納維持木質天然視覺。並使用低調的灰色系木地板，襯托電視牆原始韻味的主題。

圖片提供@上陽設計

圖片提供@禾光室內裝修設計有限公司

圖片提供@地所設計

016

圖片提供@劉映辰設計工作室

017

圖片提供@澄橙設計

018

圖片提供@大雄設計

018 水泥牆面打造質感空間

善用落差條件將前段規劃為開放式客餐廳，讓空間變寬敞。選用水泥質地磚材鋪陳牆面，營造理性有規則的質感牆面。搭配上空間中其他的黑色傢具與傢飾，達成視覺的平衡點。

019 風化板的獨特肌理突顯自然味

北歐風格強調自然，因此特別在客廳空間運用風化板作鋪陳，材質經過鋼刷處理，具風化感也充滿粗獷原始味道，剛好也與風格特色相呼應，而風化板壁面當中亦隱藏了暗門，讓空間感更為完整。

020 吸睛又自然的拼接畫面

北歐風崇尚自然的精神可以展現在材質的選擇上，除了木地板、木家具的使用之外，電視牆面選用拼接處理的鐵刷梧桐木皮，透過向量且立體的鋪陳手法，增添家中的自然活力。

021 不同材質打造視覺層次

原本不具機能性的零碎空間，在設計師的精心規劃下，化為電視牆以及收納空間，一整面樓梯牆面採用文化石處理，增添空間的層次感之餘，對比溫暖木色的電視牆面，使得整體感受更加豐富且充滿人文感。

019 圖片提供@邑舍設計室內裝修

020 圖片提供@大湖森林室內設計

021 圖片提供@蟲點子創意設計

022

圖片提供＠大雄設計

023

圖片提供＠王俊宏室內裝修設計

022 豐富質感營造空間個性

開放式廚房區域運用多元材質，櫃體選擇淺色木紋板材與側邊金屬材質相襯，使冰箱不顯突兀，加上水泥質感地磚材牆面質感，層次豐富卻彼此協調。

023 柚木染灰錯紋拼貼賦予變化

同一空間使用超過1/2的木皮比例，盡量採用相近的色澤，配搭的木質家具則可挑選紋理大膽的，突顯風格個性，餐廳端景牆面以染色橡木鋪貼，採用類似箭字紋的拼貼手法，木皮斜角正、反45度錯紋貼。

024 原始木感營造放鬆氛圍

廚房背牆以溫潤的木質鋪陳，視感線條粗獷但觸感卻平滑順手，創造出另類的衝突美學，獨立的牆面加上燈光點綴，成為一幅空間中的風景，並營造愉悅放鬆的用餐氣氛。

025 黑板漆櫃體也是授課牆面

簡單俐落是北歐風的原則，就連櫃體的設計也不例外，玄關入口以一整面櫃牆概念整合書櫃、鞋櫃等機能，塗佈黑板漆的櫃面，除了讓北歐風增添現代簡約質感，更是提供從事日文教學的屋主最實用的授課需求。

024

圖片提供＠石坊空間設計研究

025

圖片提供＠甘納空間設計

026 營造靚藍悠閒的馬賽克磚

廚房局部壁面上使用了馬賽克磚,由不同層次的藍色系交織而成,成功演繹出淡淡的北歐鄉村感,也運用色調為廚房增添一絲靚藍寧靜與悠閒的午後氣息。

027 仿岩石壁紙打造自然感受

白色文化石打造的電視牆,強調北歐風訴求的建材手法,天然感增加視覺的豐富層次,但一方面考量室內不宜使用過重的石材,因此特別改以貼上擬真的仿岩石壁紙,營造有如置身大自然般的情境。

圖片提供@IKEA

圖片提供@西子美學設計

028

028 梧桐木牆隱藏門片、放大視覺

屬於無色彩的北歐風格，以無壓空間為主題，梧桐木結合線條感十足的白色木百葉，壁面則利用溝縫切割裝飾，隱藏左右兩個通往房間的門扉，統一材質的大面積應用，能讓空間不顯雜亂，更能達到放大視感效果。

029 紋理石牆打造獨特表情

大客廳的全面開放式格局，寬敞又令人放鬆，設計師特別挑選擁有獨特紋理的天然石材做為電視牆，在低調不張狂的細節之處，滿足對材質極為重視的屋主。

029

030

圖片提供@PartiDesign Studio

031

圖片提供@緯傑設計

030 冷與暖衝突的協調美學

自然舒適的北歐風格，其中不乏較具個性化的做法，例如利用清水牆以及電視牆面不同木皮材質的表現，讓清水的冷調能與木頭的溫潤感，在衝突中展現協調性，也讓使用者能更舒適的在此空間活動。兒童大象椅／Vitra

031 融入水泥牆的自然北歐

整體風格以帶入沉靜氛圍的自然北歐為主軸，空間色調不外乎木皮、白與灰，廳區牆面使用特殊的水泥粉光做法，無須敲打見底就能直接施作，建構出與北歐風不謀而合的乾淨、單純空間感。

032 富有層次的明亮空間

客廳背牆以白色文化石打造明亮質感，同時是餐廳隔間也是電視牆的機能隔間牆，以130公分的梧桐木橫貼牆面區隔，使用多元材質打造空間表情，讓整體視覺具有層次而不混亂，明亮且舒適。

033 混搭手法成就獨特美學

設計師擷取「仿舊元素」，使用仿舊漆搭配木質紋路與文化石牆面，呈現自然樸實的人文氣息，並輔以簡約設計的北歐風格，打造混搭風的特色住宅。

034 貼近生活的黑板牆

中島餐廚的黑板牆，不僅僅是提供孩子塗鴉、留言等功能，同時也身兼電器櫃的拉門。而黑板牆的自由隨性繪畫的特色，也讓空間更具生活感，以及迎合北歐人追求的自然隨性。

032　圖片提供@毫點子創意設計

033　圖片提供@蔵閣設計

034　圖片提供@大湖森林室內設計

035

圖片提供@築青設計

036

圖片提供@馥閣設計

035 榆木自然貼強化紋理表情

客廳主牆採噴砂榆木自然拼的橫貼方式，與沙發旁的直貼手法相對比，相同質感卻能產生不同表情。自然拼是指不同批木皮混貼，拉大紋路色澤差距、強化木紋效果。電視下方檯面為木皮染黑，作沉穩跳色、也更耐用。呂燈／露的燈飾

036 手感馬來漆注入溫暖

同樣的黑、灰、白無彩度住家，電視牆塗布的灰色馬來漆，手感紋路讓冷色調彷彿也有了溫度；上方的黑色塊搭配間接燈巧妙隱藏橫樑。超耐磨地板選用胡桃木紋。強烈的紋理色澤，形塑住家個性。單椅、茶几／PP Møbler

037 灰白簡約中充滿趣味與層次

開放公共區擁有面積不小的創作牆面，設計師先利用灰、白雙色作飾底，醞釀出清新、舒適的空間調性，其中灰色珪藻土的粗糙面與白色平整漆面呈現視覺對比感，再搭以光帶作銜接則凸顯層次，而黑鐵燈具有畫龍點睛之效。

038 M字造型木窗展現工藝之美

雙向開窗的格局使臥房顯得過亮，為提升安定感，房內牆面、地板大量採用天然木皮，其中床頭窗戶還特別設計以斜向木板拼貼的推拉門，創造如M字造型的木主牆，再加上床邊貼心小木几設計，醞釀出更療癒人心的木屋美感。

039 大面積用色營造視覺重點

臥房空間主要為休憩用，不適合太繁複的設計，因此用主牆大面積用色的概念，維持空間輕盈感，但又能營造視覺重點。加上房間採光頗佳，因此選用較為大膽的深色系做為主牆面顏色，不會擔心視覺感太壓迫。

037

圖片提供@青橙制作設計

038

圖片提供@知域設計

039

圖片提供@思維設計

CHAPTER 1
空間細節設計

PART 2
天花板

風格清新的北歐風居家強調
無壓的舒適環境，完全不使
用多餘的雕花與裝飾，線條
簡潔，採用色塊區分點綴。
在室內空間佔有一席之的的
天花板，當然也不例外。

圖片提供©好室設計

040
仿北歐建築的斜屋頂應用

木材一直是北歐風居家中相當重要的元素，天花板採用
木作的方式，不僅能夠隱藏管線，效仿北歐建築的同
時，也衍伸出了「斜屋頂」、「假樑」這類裝飾性設計。

圖片提供©浩室空間設計

041
簡約俐落的平頂式天花板

北歐的居家風格是簡潔有線條感,天花板設計當然也不例外,不做繁複多餘的裝修,簡單的粉刷及色彩上的規劃,與北歐風相襯就是最迷人的組合。

042
局部天花板遮掩管路

想要營造北歐風格的清透空間感,除了拆除隔間以外,營造天花板的「視覺」高度也能有意外的效果:將管線彙整做成局部天花,不但能保留空間高度,也能節省預算。

圖片提供©甘納空間設計

圖片提供©天境設計

043
管線裸露的混搭風格

近幾年混搭風格於北歐風之中相當常見,無論是Loft風的裸露管線,或是現代風的不規格設計,巧妙以色彩及手法搭配,都能創造出不同層次的視覺感受。

044

圖片提供@甘納空間設計

045

圖片提供@明代室內裝修設計有限公司

044 風格混搭的另類北歐風

以溫暖木質為基調的住宅空間,公共廳區牆面特意選用原始粗獷的水泥粉光做表現,與工業風結合細節,管線也刻意裸露,加上特色的傢具傢飾,創造出具人文、個性化的北歐性格。吊燈／Louis Poulsen。沙發／Roche Bobois

045 方格裝飾消弭橫樑沉重感

餐廳區天花板部分,有一道大橫樑跨過,為了消弭突兀與沉重感,特別運用方格裝飾來做搭配,在簡潔的空間裡,多了幾分設計感。樑下加了方框與方格裝飾融為一體,美化了整體也帶走厚重感。

046 天花材質界定空間場域

北歐風的居家空間中,開放式設計是相當常見的規劃,因此區隔空間的使用就顯得相當重要,透過木質感與平頂式天花兩種不同的形式來界定場域,不僅能減少隔間使用,也能完成場域界定的目的。

047 假樑營造出對稱平衡感

從北歐風格中延伸的假樑設計,於此轉化為略帶著古典氣息的裝飾性假樑,不僅隱藏了細碎的管線,也為整體空間營造對稱、平衡的的視覺效果,搭配上下方的燈飾,營造出獨特的北歐設計感。

046

圖片提供@PartiDesign Studio

047

圖片提供@相即設計

048

圖片提供@方構制作設計

049

圖片提供@耀昀設計

050

圖片提供@思維設計

048 草綠系管線的北歐派對

在清新舒適的北歐風住宅中，天花板上繽紛草綠的裸露管線有秩序地運行，並且消失在斜切天花造型內，充滿趣味感。其中天花板上的出風口與冷氣吊管等空調管路也因斜切造型而擺脫了呆板的印象。

049 五角設計加寬提升客廳機能

為了延伸電視主牆並放寬客廳格局，打破傳統方整隔間線條，讓電視牆以斜角與轉折的姿態呈現，連帶的天花板也採以五角造型設計，再搭配木作遮板與燈光，讓空間更具層次感；同時在地面對應架構出矮櫃及座榻等多元機能。

050 原木柵欄天花板形塑空間溫暖

因為空間較大，為了呼應沙發和地毯，又不想做滿顯得壓迫，因此天花板的原木柵欄裝飾只做到沙發下方到地毯的位置。讓空間不顯單調又不過於沉重，而原木材質同時也帶來了溫潤的視覺效果。

051 黑白天花板嶄露北歐大器

沙發上頭有大樑壓頂，為了規避樑柱的壓迫感，但又不想只是單純木作包住，感覺單調，設計師利用幾何線條的概念，讓視覺上有立體感，同時也有自然延伸到黑色天花板的視覺效果。

052 木質造型牆鋪陳北歐溫馨感

22坪北歐風小屋是屋主為迎接新婚準備的新房。設計師將屋主喜歡的風格元素放進室內，其中餐廳內質感溫潤的木作天花與造型牆，讓餐桌更顯依靠感，搭配清新色彩的傢具與圓潤吊燈，梳理出溫馨且有序的趣味空間。

051

圖片提供@思維設計

052

圖片提供@至文設計

053

圖片提供@天境設計

054

圖片提供@CONCEPT北歐建築

055

圖片提供@六相設計

053 天花板也能界定空間領域

為了使公共區域分際更顯著，不僅透過牆面的
材質區分空間，天花板用木皮包樑並隱藏冷氣
風口，下方再以一座深色雙面櫃界定歸屬，同
時創造出靈活的迴旋動線。

054 梧桐木天花板注入自然氣息

公共空間利用梧桐木打造有如小木屋般的天花
板，既傳達自然悠閒的生活步調，傾斜角度亦
可以修飾大樑，打造木質感生活。

055 管線的裸露與隱藏法

近年來風格混搭已經是種常態，而工業風中的
管線裸露也常交互應用於北歐風。將複雜的線
路包覆於管線之中，整齊不造成視覺上的錯
亂，在漆上相同顏色的白漆，降低存在感，成
為天花板的另類裝飾。

056 管線裸露的Loft風天花板

比較老舊的房子，天花板通常會有管線通過，
為了遮掩管線通常會以木作修飾，但若屋高有
限很容易讓空間顯得壓迫。不妨將管線收束整
齊直接外露，與天花板漆成同色，或是保留水
泥原色將管線漆成跳色，是讓空間更具個性的
作法。

057 冷調工業風加重空間分量

鐵製吊燈、樓梯扶手與裸露管線無一不展現工
業風格精神，然而這些鐵件配上北歐風卻一點
也不顯得突兀，稍微冷調的LOFT為清新色調
中增加重量，令整體空間氣氛更為協調。

056

圖片提供@陳忠正

057

圖片提供@蟲點子創意設計

PART 3
地板

大面積的木地板鋪陳是北歐居家的主要面貌之一，以木地板創造自然而溫暖的居家環境，也是一般印象中的北歐風格。而這幾年出現的風格混搭，開始為這片自然氣息注入了新的生命元素。

圖片提供©PartiDesign Studio

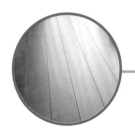

058
溫潤木質感地板為首選

木地板是北歐風格的經典元素，橡木、楓木、松木、胡桃木等大紋理木地板都經常被應用在地板之上，因應不同類型的木材有著不同的功能，有些能夠調節室內濕氣、有些則有著耐磨的特性，但相同的是，溫潤的觸感能夠帶給人舒適放鬆的感受。

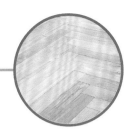

圖片提供©伊家設計

059
人字拼貼蘊涵北歐氣氛

在北歐居家裡，人形拼貼木地板，將北歐50年代傳統公寓的懷舊風格重現，人字型拼貼的木地板，又稱魚脊地板（Herringbone Floor），在歐洲許多飯店、咖啡廳或老房子都看得到，整齊重複著箭型線條，無論新舊，看上去都充滿溫馨的華麗感。

060
異材質接續統合氛圍

喜歡北歐居家風格的開放式空間，又想界定空間，可從材質方面著手，例如餐廚接近流理台使用磚材，餐桌區則使用木地板，樣貌相似卻迥異的材質既界定空間又統合氛圍。

圖片提供©青埕設計

圖片提供©concheiro de montard

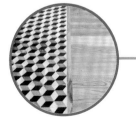

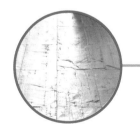

061
磚材地板增添個性

北歐風強調使用材質的原貌，充滿冰冷堅硬氣息的磚材，和溫暖明亮的的木地板特性，是完全不同的類型。經由與復古風混搭而成的美麗意外，在北歐風中反而成為另類衝突的美感。

062

圖片提供@青城設計有限公司

063

圖片提供@PartiDesign Studio

062 以不同木地板鋪陳內外

陽台空間已無落差的設計處理，室內已鋪貼實木皮的德國超耐磨地板打造整體空間，室外則鋪設南方松，美觀又安全，無論在哪裡，腳下都踏著自然溫潤的木質，可以舒適的享受宜人觸感。

063 石木相接的走道界定

透過不同材質的拼接手法，從石板與木板的差異性著手，選用大相逕庭的特性和對比色系，來界定區域，使居住空間免除多於隔間，也能營造出明亮寬敞的北歐氛圍。

064 自然共生的北歐居家

家，不僅是休憩的場所，更是療癒身心、與最愛的家人交流情感的空間。設計師以「與自然共處」為前提，選用梧桐木為主體，鋪陳整面地板，讓居家環繞出具有北歐風情的清爽空間。

065 陽光灌溉的綠色地坪

地毯也是北歐風格中常見的單品，選用綠色地毯，不僅給予了像是踩在草皮上的舒適觸感外，搭配藍色被毯，透過亮色系為空間帶來活力與溫暖，在陽光灑落的區域，展現新的生命力。

066 以觸感界定場域之分

客廳走開放式設計路線，以少量隔間打造光線穿透的明亮氛圍。因此，區分場域就透過地板的材質做界定，溫潤的木材質感與沁涼的石磚地板，不同的觸感自然讓人有身處不同區域的感受。

064

065

066

067

圖片提供@Partidesign Studio

068

圖片提供@□□□□

069

圖片提供@Yvonne

067 延伸出寬闊視覺感的木地坪

洋溢木感的北歐居家，是許多人嚮往的風格，整合客廳、餐廳的開放公共區域是規劃重點，使用深色木地板作為統一規劃，產生寬闊的視覺效果，也增加了家人的共處的時光。

068 木地板交錯讓空間充滿活潑感

餐廚空間以木地板為主，有別於單一色系的運用，這裡更交錯使用染白的木地板，鋪排出如棋盤格的視覺效果，令人產生如磁磚的的錯覺，讓空間更加活潑有特色。

069 質感溫潤又溫馨的木地板

主臥和小孩房及走道都選用質感溫潤的超耐磨木地板，不只具有統一調性的效果，對小孩來說更具有相當的安全性，同時也能營造出居住空間的溫馨感，充滿明亮溫暖的北歐風格。

070 相異材質迸發視覺變化

全室以純白為基底，輔以淺色木紋地板鋪陳，營造清淡雅致的氣息，在靠近廚房檯面的地面，改以復古幾何拼磚，除了有耐污的功能之外，也成為點綴空間的亮點，增添些許視覺躍動的變化。

070

圖片提供 @concheiro de montard

071

圖片提供@上陽設計

072

圖片提供@伊家設計

073

圖片提供@直學設計

071 刷白淺色地板營造簡潔感

客餐廳一同整合，並以開放式格局做規劃，選用刷白的木地板樣式鋪陳整個區域，不僅得以維持視覺上的開闊度，也透過地板與牆面的顏色差異，帶出北歐的簡潔明亮感。

072 樸實的木質地板氛圍

地板選用較低調樸實的木質色系，鋪滿整個空間，讓地板呈現流暢的線條感，再配合其他傢具搭配，相互配合營造氛圍，透過陽光灑滿一室，一步步完成俐落明亮的北歐框架。

073 人字拼地板展現趣味

運用人字拼的地板展現空間廣度，錯落有致的復古拼貼方式，營造視覺趣味，為了符合地板的木材元素，特選用木書桌，使整體調性統一，讓人不覺突兀而體現質感與品味。

074 以溫度劃分出區域的特性

屋主希望居家空間能夠自在遊走，於是全室採取開放式設計，為了讓空間保有開放或獨立的使用性，以地板的材質作為劃分的界定，溫暖的木地板與沁涼的石材質地，使用兩者完全不同特性的材質來區別領域。

075 溫暖木色調與金屬材質的和諧美

位在夾層的主臥以清玻璃隔間，保有視線穿透並引入自然光，同時也可以看到整體空間大量使用木紋材質的公共區域，在金屬材質的搭配下感覺溫暖卻不失特色。

074 圖片提供@石坊空間設計研究

075 圖片提供@石坊空間設計研究

076

圖片提供＠相即設計

076 日光灑落復古磚寬敞衛浴

10多坪的寬敞衛浴空間，充沛的陽光從窗戶灑落。後靠窗的吊鏡，讓戶外景致成為盥洗時光的最佳背景，室內舖貼大面積的毛邊復古磚，利用暈染的黃褐紋理，溫暖特質讓寬敞的沐浴空間頓時升溫。

077 原木地板調溫調濕

木頭地板除了光著腳板踩起來的觸感舒適之外，同時也具有調節室溫、濕度的效果，讓人身處於空間內有著貼近自然的舒適感受，住得也更加無壓、放鬆的感覺。

078 日光送暖，柔和黑白烹飪天地

黑色地磚鋪陳，佐以純白廚櫃搭配，廚房大膽應用色調反差來營造簡約、潔淨的北歐情調，結合來自客廳的充沛日光，帶來烹飪、用餐時不可或缺的溫暖與明亮元素，一冷一熱調節出居家最舒適的生活溫度。

079 西安板岩地坪延伸自然入室

迥異於一般將客廳作為主角的設計概念，設計師將居家核心定於餐廳廚房，運用女主人期盼的純白明亮作為裝飾，地坪鋪陳仿舊凹凸的西安綠板岩，將窗外自然意象延伸入室。

077

提片提供@陳忠正

078

圖片提供@蟲點子創意設計

079

圖片提供@青埕設計

080

圖片提供@繹昀設計

081

圖片提供@方構制作設計

082

圖片提供@思維設計

083

圖片提供@劉映辰設計工作室

080 畸零格局變身寧靜休憩區

遇有大樑、以及格局不方正的畸零問題,設計師評估後將此規劃為開放的多功能室,先利用右側作儲藏間讓牆面拉齊,大樑下方則以架高地板設計,透過上下對應關係營造出和室空間,讓窗邊變成具包覆感的休憩區。

081 與光一起作畫的人字拼地板

為了營造迷人慵懶的北歐風氛圍,設計師透過穿透式隔間設計,迎入燦爛陽光,也釋放出更大空間感,尤其在寬敞無阻的地坪鋪上復古氣息的人字拼實木地板,木地板因拼貼方向而有不同受光角度,使之展現豐富細節。

082 木紋地板帶來溫暖舒服的視覺感

空間內大量運用冷調質感的灰黑白,設計師選用了較大片且木紋明顯的超耐磨地板,緩和了空間的冷冽感,且讓幾何線條充斥的個性空間中,保有生活的溫暖面向。

083 地板架高規劃打造開放空間

以超耐磨地板架高規劃開放書房,用玻璃拉門搭配布簾圈圍,可作為臨時客房,平時也是寶寶的爬行遊戲區,以分享的概念開始發想,為了增添明亮與空間感。

084

圖片提供@耀昀創意設計

085

圖片提供@耀昀創意設計

084 豐富木紋帶來大自然的放鬆感

空間採用梧桐木與栓木兩種木素材大面積使用，營造出自然放鬆的休閒感居家，不同的樹種的木紋與色澤搭配，讓人在空間移動時，感受到天然紋理帶來的層次感。

085 養寵物也能有舒適木地板

考慮到屋主家中有飼養貓咪，因此在材質選擇上要符合空間調性及耐用性，選擇木紋自然的德國超耐磨地板，不僅能營造自然的居家氛圍同時也不怕貓咪抓傷地板。

086 地板與其他室內元素的交集

簡單漆白背景，鋪陳梧桐木床頭櫃、仿木紋超耐磨地板，與鐵件樹枝衣架彷彿相互衝突卻無比和諧，少於1／3的木頭比例，全室自然況味四溢而不顯笨重。以光源串聯規劃，天光流竄全室無死角。

087 地板顏色界定空間

喜歡北歐居家風格的開放式空間，但又想界定空間，這類的問題設計師從地板顏色著手。雖然使用相同的木材質，窗邊光廊走道使用深色的煙燻橡木，與客廳區地板的原色橡木做出區隔。

086

圖片提供@蟲點子創意設計

087

圖片提供@水相設計

PART 1
經典傢具

在北歐居家之中傢俱擺飾才是空間主角，人們利用佈置手法去營造簡單又便利，舒適且符合自己生活習性的北歐氛圍。而外型俐落、線條簡單的實用設計，就是北歐傢具的核心特點。

圖片提供©IKEA

088
為生活打造的多元機能

實用功能取向的北歐風格，融合了家庭關係與居家生活的理念，延伸出餐書桌、機能吧檯、沙發床等多功能傢具，也為空間增添無限可能。

圖片提供©上陽設計

089
具代表性的經典單椅

來自北歐的名家設計椅,奠定了北歐經典設計的一環。這些經典椅,是打造北歐居家的焦點選擇,線條簡單又符合人體工學的單椅,不僅能完整表現北歐傢具的細膩質感,更是北歐空間中最吸睛的存在。

090
俐落木材質營造溫馨居家

一般北歐風格傢俱多半以木質傢俱為主,是回歸自然的表徵,也透過木頭的溫潤創造溫馨,外型俐落、線條簡單,常能體現北歐時尚與簡約態度。

圖片提供©大湖森林室內設計

圖片提供©PartiDesign Studio

091
物盡其用的概念傢具

在空間有限的情況下,能夠自行收納或是藏有機關設計的傢具,都是能滿足生活機能的實用物件,讓空間看起來更清爽舒適。

092

圖片提供@IKEA

093

圖片提供@集品文創 Design Butik

092 傢具做區隔空間使用彈性大

位於瑞典的Manueia friedrich家，充滿傳統北歐味道。客廳運用IKEA的STOCKHOLM的沙發與玄關展示桌來界定小環境，使用彈性大，也少了制式感，而面向沙發的單椅擺設，讓窗邊亦是舒適的閱讀角落。

093 木梯設計的多功能書架

結合外型、材質和功能性等不同訴求的書架。設計簡約質樸，充分帶有北歐實用與美觀的特點，且空間感、通透感十足，創造出全新、更具彈性的儲存用傢具。

094 一加一大於二的餐書桌

北歐人重視家庭生活，大多時間都在公共廳區活動，一張原木的大餐書桌，無論吃飯、玩耍、工作、聊天或畫圖……都可以容得下，讓餐廳充滿更多的可能性！可以摺疊收納的椅凳，也可以做為邊桌使用，擺放雜誌、咖啡，高度剛剛好。

095 異材質交織碰撞的美學

桌面有著細膩俐落的溝槽造型，和圓潤的桌型形成強烈對比；另一方面，質樸溫潤的實木桌腳，又與現代時尚的烤漆桌面完美結合，沒有多餘細節的極簡設計，是北歐風最中心的精神。

096 白色單椅點綴明亮角落

通透明亮的空間，選用白色的牆面與傢具，搭配清淺的木質色系，呈現舒適爽朗的氛圍。客廳為採光最好的位置，擺上一張簡潔單椅，提供屋主一個放鬆獨處的角落。

094

圖片提供@IKEA

095

圖片提供@集品文創 Design Butik

096

圖片提供@Concheiro de montard

097

圖片提供@KC DESIGN

098

圖片提供@IKEA

099

圖片提供@集品文創 Design Butik

097 活化空間的重要因子

過白的空間易顯得冰冷、單調，若能以色彩鮮艷的傢具、傢飾做搭配，就能增添不少活潑氣息。就選用藍色沙發作為空間主要的視覺焦點，單個大沙發，不僅是凝聚全家人的地方，更是整個區域的活力來源。

098 小坪數打造兒童房

空間小也沒關係，可以選擇上下床鋪，選擇淺色系床架點亮空間。讓孩子們和平共處，促進情感交流。加上充分利用壁面層架，孩子們玩完的玩具就能輕鬆整齊收納。

099 結合人體工學的座椅設計

整張座椅的質樸原木紋理清晰可見，細膩地勾勒出柔順的椅背弧線造型，配上穩固的實木底座，包覆著北歐的舒適與設計，良好的坐感來自人體工學，呈現北歐風格中的細膩與溫潤。

100 木紋層次營造溫暖氛圍

北歐人在建材的使用上，使用相當多的木頭，而木質感的北歐居家也能有較為不同的應用方式，例如衣櫃表面大面積使用紋理較深的木質鋪陳，給予溫暖舒適的氛圍。

101 木質餐桌椅表現質樸感

承襲過去北歐人就地取材的習慣，當地一般餐桌椅多以原木製成為主，喜歡傳統北歐風的話，建議可以選擇木頭材質的桌椅，例如樺木、橡木、松木、梣木、實木，或者實木貼皮也是不錯的選擇。

100

圖片提供@木一日曜設計

101

圖片提供@PartiDesign Studio

102

圖片提供@上陽設計

103

圖片提供@上陽設計

圖片提供@大湖森林室內設計

102 木設計為空間注入自然元素

以鋼刷梧桐木打造高至頂的大型收納櫃,在頂端與側邊留白,下面刻意不作滿,讓櫃體略帶懸空,達到弱化量體重量,化解大型櫃體的壓迫的效果,造型簡潔不多做裝飾,讓原始木紋成為豐富櫃體表情最自然的點綴。

103 讓傢具豐富空間表情

整體空間用色單純,就讓容易移動與改變的傢具傢飾,替空間做出不同的層次變化。灰藍色沙發跳脫暖色調,形成空間裡的視覺焦點,經典蛋椅選擇帶有花紋而非素色,則有活潑空間的絕佳效果。Egg Chair／Arne Jacobsen

104 複合式餐桌兼中島角色

當空間有限時,勢必得創造更多元性的規劃,才能提升坪效。因此有越來越多餐廚都朝向複合式設計,餐桌多半也扮演中島的角色,既能體現北歐人凝聚家人情感的精神,廚具的功能性也隨之擴大。

105 實木與異材質混搭

由於北歐森林多,傢具多半採用當地最多的天然素材一木,而後受到工業風的影響,傢具設計也更加多元,混搭塑料、金屬等異材質,成為另外的質感美學,意外的match。

圖片提供@大雄設計

106

圖片提供@天境設計

107

圖片提供@天境設計

108

圖片提供@集品文創 Design Butik

106 同色系漸入空間層次感

沙發背牆使用土耳其藍烘托屋主風格，金屬的冷冽感更與地面牛皮地毯撞擊出質地、色澤的反差火花，置入屋主蒐藏的藍色單椅，正好呼應了整體空間調性，讓待客區的優雅跟摩登能更上層樓。

107 長型燭燈凝聚餐區焦點

餐廳以訂製的柚木樹皮餐桌，保留木質原始風貌，搭配經典的YChair，讓實用與美感並駕齊驅。餐桌上方採用鐵件底材的長型燭燈增添用餐浪漫，主燈與周邊光照相映，不僅確立了主從的視覺地位，亦成就更多光影層次。餐燈／KEVINREILLYLIGHTINGALTAR法式蠟燭台吊燈。餐椅／Ychair

108 充滿北歐巧思的纖維椅

這是張將一切多餘去蕪存菁的椅子，只將座位、靠背與扶手留下，達到北歐設計的簡約感，將之融合成一個和諧的殼，窩在裡頭放鬆是再適合不過了。使用對環境友善的木頭複合材質，讓椅子成為可回收產品。

109 馬鞍皮讓貴氣、時尚兼具

馬鞍皮餐桌椅利用黑色與焦糖色的組合，創造出穩靜典雅用餐氣氛；2米4長桌面溝縫，順應並延展了長型餐廳視覺。選配一盞造型如南瓜、帶古典豐厚意象的造型燈；藉米白降低色彩干擾，再以材質的簡約勾勒時尚品味。餐燈／Marcel Wanders

110 焦點單椅營造寧靜氛圍

將極具魅力的造型單椅置於窗邊，型塑具有個人風格的特色空間，搭配人字拼紋的木地板，則為空間增添躍動感，布置出個人獨有的一方天地，增添沉靜氛圍。

109

圖片提供@天境設計

110

圖片提供@石坊空間設計

圖片提供@集品文創 Design Butik

111 默契十足的組合傢具搭配

無論在什麼樣的空間，使用長型木桌搭配白色單椅，都能呈現簡約清爽的北歐風格。選擇簡單的長形木桌，無論是橡木或是櫸木都是不錯的選擇，搭配上富有設計感的白色設計單椅，就是北歐感十足的組合。

112 大地色系顯現空間簡潔風格

為創造居家更大空間感，在裝修時減去多餘裝飾，並配合柔和大地色系讓空間呈現簡潔、清爽；接著將沙發背牆上半段改以玻璃材質，藉由穿透手法使後端書房融入公領域，再透過淺木色調牆櫃和傢具擺設來滿足收納與風格設計。

圖片提供@至文設計

113

圖片提供@禾築國際設計

113 多元靈活的餐廚傢具彰顯機動規劃

餐廳廚房中島無論是作為冷盤料理或是備餐桌，
甚至當作早餐飲料吧檯都非常方便。此外，將原
木餐桌拉開，餐桌加上中島吧檯再多的親朋好友
拜訪都能坐得下。

114 拉近距離的開放式吧檯

考量至動線問題，將廚房與餐廳兩區做整合，輔
以開放式吧檯，既是餐桌也能成為簡易料理台，
在廚房忙碌的同時，只要轉個身就能和其他家人
閒話家常，拉近彼此距離。

圖片提供@邑舍設計

115

圖片提供＠林淵源建築事務所 攝影＠陳鵬至

116

圖片提供＠直學設計

117

圖片提供@河馬設計

115 長型木餐桌的愉悦氛圍

於玻璃環繞的空間，營造身處自然的用餐氛圍，擺上一張長型的木質餐桌，搭配上木作餐椅，容納更多人數的同時也能促進情感交流。另外擺放的小木凳，不僅能近距離觀賞窗外風景，也是輕鬆閒聊的惬意角落。

116 訂製餐桌搭配設計餐椅

北歐人最重視和家人相處的時光，餐廳是家中的核心空間，設計師選用桌腳椅腳都較通透輕盈的餐桌椅，降低大餐桌的視覺壓迫，Three吊燈呼應Catifa46單椅的線條，搭配宜人的自然光，創造自然無壓的餐廳氛圍。餐椅／ARPER。餐廳吊燈／ZERO。邊桌／DUENDE

117 淺色與木色的空間表情

暫留區選用北美橡木桌和三色編織椅鋪陳，利用深淺與彩度變化帶來活潑空間氛圍，也透過木質平衡樓梯欄與燈具等金屬較為冷冽的性格，為整體空間打造出北歐生活質感。

118 迎綠景佐餐的幸福廚房

自然光源透過玻璃與簾幕，成為廚房的主要照明；夜間再利用吊燈，輔以嵌燈、間接光，暈染滿室溫馨。以144公分×365公分的大型人造石中島檯面為主要料理區域，扭轉「面壁」的傳統模式，讓媽媽轉過身來，在烹飪的每一刻都能與家人説説笑笑、享受天倫之樂。

119 相思木壁爐讓住家透口氣

純白潔淨的空間中，火焰在鐵製壁爐中跳躍著，讓人仿若置身北歐別墅。從在燒著相思木的壁爐、到整道氧化鎂防火牆面皆為設計師所打造，透過熱浮力通風方式、經由閥門切換，成為一道四季皆能讓居家換氣的有氧牆面。餐桌燈／Prandina。中島吊燈／NicheModern

118

圖片提供@青埕設計

119

圖片提供@青埕設計

120

圖片提供＠粗即設計

121

圖片提供＠粗即設計

120 綠意環抱的空中下午茶

位於高樓層的閒置空間，利用橡木染灰鋪貼背牆，搭配具穿透感的鐵件展示架；桌、椅、吊燈都以圓形作為統一語彙，用餐時圍繞家人的情感交流，將用餐區域營造為獨特的角落

121 不成套傢具型塑北歐態度

電視牆以薄石板鋪貼，下方機櫃擺放木柴，模擬北歐的壁爐概念，點出全室的風格主題。客廳傢具分別為亞麻沙發、皮面單椅、柚木茶几、原木小凳，組構不成套的傢具混搭，營造趣味、不拘束的個人居家風格。

122 細緻線條描繪的北歐風格

在北歐設計的傢具中，常可以看見細長型態的椅腳與桌腳。由於北歐傢具最重視的就是實用性與美感，經由粗細線條來演繹北歐風的細膩與簡潔，讓居家空間充滿濃厚北歐設計感。

123 彷彿縮小版的兒童傢具

重視家庭及養成教育的瑞典人，在家裡也會特別為小孩佈置遊戲空間及兒童房，採購兒童專屬傢具、家用品，甚至有小朋友專用的料理用具、廚具、餐桌椅，放在角落成為居家有趣的佈置。

124 用傢飾營造Cozy Corne

在客廳的一處角落，用一盞AJ立燈、一張北歐風的經典大熊椅，搭配一幅現代畫作，立即創造室內的Cozy Corner，不僅是實用的閱讀角落，也是家中看不膩的一角風景。

122

123

124

125

圖片提供@惟德國際

126

圖片提供@惟德國際

127

圖片提供@集品文創 Design Butik

125 俐落傢具型塑北歐風

北歐風格雖然在硬體結構上多以簡鍊為主，然而她們也十分重視傢具的搭配性，特別偏好造型簡潔、線條俐落的傢具，不過分裝飾、流暢線條就是北歐風的必要條件。餐椅／PP Møbler

126 用搖椅營造Cozy Corner

透過不同擺飾、傢具佈置，就能打造出個人特色，客廳角落不妨搭配溫潤自然的木質搖椅，搭配一盞特殊的吊燈，立刻創造出悠閒的Cozy Corner，即是實用的閱讀角落，也是居家看不膩的一處風景。椅／PP Møbler

127 充滿療癒的趣味床邊櫃

北歐人在睡前總是喜歡閱讀片刻，床邊櫃就顯得格外重要，搭配壁洞置物櫃以橡木為主體，搭配俐落的金屬門片與腳座，充滿療癒感的趣味設計，帶來屬於經典北歐的簡潔、又富有自然氛圍的外型。

128 活動傢具調整彈性大

保留原屋木地板，僅將落地櫃拆除痕跡作修補，樑下安置一座袖木高櫃滿足雜物收納，對牆再搭五座荷蘭柚木壁架，壁櫃收藏大量書籍，藉著傢具段落體現空間韻致，而可動本質賦予生活自由。

129 實用與美感兼具的北歐傢具

北歐人不僅要實用還要好看，臥室搭配的椅子暗藏玄機，椅子的上半部像一個衣架，座位掀起來則是一個儲藏盒，完全符合北歐人一物多用的精神。侍從椅／PP Møbler

128

圖片提供＠覓得設計傢俬

129

圖片提供＠惟德國際

130

130 球型喇叭增加設計趣味感

以白、灰基調為主的客廳，藉鐵灰色絨布沙發量體大、顏色重的安排來穩重空間；白色三疊桌與躺椅回應了長型屋幅寬較窄特性，營造出靈巧的實用感。點綴2個球型喇叭與1只米白播放器，讓圓弧線條帶來躍動感與設計趣味。黑色落地喇叭／Grundigspeaker。播放器／Vintage Weltron 2001 Helme t Ball Style Radio

131 以極簡色調營造安穩沉淨

在清淡配色為主的居家空間中，利用高彩度的紅色穿鞋椅、掛畫作裝飾，活絡空間氛圍。簡單色系的沙發與單椅，則給予空間安穩沉靜的效果。在光線的照射下，為住家帶來溫暖感受。

131

132

132 紅木椅讓空間表情年輕化

利用長約1米5的柚木邊櫃奠定端景重心，但以細腳架烘托輕盈，半高尺寸卻又不至遮擋採光。小邊几、旋轉椅與木櫃顏色相仿，創造和諧的溫潤感，紅木椅負責跳色吸睛，方便挪移的輕巧也讓空間看來更年輕。丹麥柚木邊櫃／HPHansenteaksideboard。荷蘭經典旋轉躺椅／Artifortswivelloungechair-green。紅椅／EamesHermanMiller

133 造型櫃回應客廳個性

主臥一樣用活動傢具維持機動；除選用與客廳同款的荷蘭柚木壁架延續設計外，還懸掛多彩鐵架勾勒另一番新鮮感。窗邊寫字桌是由玫瑰木製成，紋理對比明顯的特色讓櫃體更有質感，中央附鏡設計也成為女主人梳妝的好幫手。荷蘭金屬壁掛層架／TomadoDutch wallshleving system

133

135

圖片提供@集品文創 Design Butik

134

圖片提供@澄橙設計

136

圖片提供@集品文創 Design Butik

134 開放式餐廚凝聚家人情感

強調實用與家人相處的北歐居家設計，讓餐廳與廚房結合，並置入一張大型木桌，準備料理時可當成書桌讓孩子做功課，增加親子陪伴，用餐時全家人可齊聚一堂，提高餐廚區多重使用的價值。

135 幾何元素延伸收納櫃體

北歐傢具中，雖然線條簡單，但卻相當重視實用性。六角形的設計讓它外觀看起來簡單俐落，內部分割為的三部分，搭配鏡面設計可以隨時整理儀容，另外兩區的置物空間，可以擺設喜愛的展示品，讓空間充滿自我風格。

136 懸掛的穿透北歐感

居家生活中，如何巧妙運用空間，且要兼顧方便與美觀，是考驗中的考驗。懸掛是一種需要美感的收納方式，畢竟它展露在空中無所遁形，但就是那懸空的空間感，表現出北歐特有的穿透層次。

137 紅色躺椅變換空間機能

在這個日光北歐度假屋中，餐廳其實是輕食吧台、餐桌與書房的結合，隨地擺上屋主鍾愛的鮮紅色躺椅，蝴蝶壁燈安靜在一旁陪伴，這裡就是閱讀的天堂！從使用習慣演變而來的場域變身，無須嚴格的功能界定，就是最自在的生活態度。

137

圖片提供©頑渼設計

圖片提供@鑽昀創意設計

圖片提供@集品文創 Design Butik

138 混搭東西方創造風格新意

大量使用天然木紋材質，營造出溫馨的居家感，空間線條簡單不複雜，讓傢具及燈飾表現個性，當代設計感的餐桌吊燈與餐桌椅呼應，後方具有東方氣息的中式邊櫃，不突兀的與空間融合。

139 趣味櫃體完整收納

北歐設計中，有許多細節帶有巧思的設計。例如宛若小屋的收納置物櫃，可以裝設在牆面上，讓展示平台也富有趣味性，或是開關的把手，設計為笑臉，讓使用者看了都有好心情。

140 幾何延伸掛鐘意象

由煙燻橡木夾板、美耐板與黃銅製成的壁鐘，本身的立體性與不對稱性，讓人在觀望時間時都產生有不同的感受。採用北歐最注重的線條簡潔感，掛在任何壁面都能醞釀北歐的風格品味。

141 可以靈活運用的椅凳與茶几

考量到家中每個人使用空間的生活習慣，具有靈活移動、摺疊收納功能的傢具很重要，也是北歐風空間的要點。挪出的空間，就能夠用來運動或是親子活動。條紋抱枕／IKEA。餐廳吊燈／ZERO。廚房吊燈／IKEA

142 中島為中心的餐廚設計

擁有採光的廚房設計了中島，與臨窗一字型廚具相互搭配，烹飪機能完整強大，中島連結木質餐桌，形成環狀動線，做菜料理時能輕鬆和家人互動，電器櫃皆以與牆等高的門片修飾，呈現簡潔又不失溫暖的北歐感餐廚。

140 圖片提供@集品文創 Design Butik

141 圖片提供@水相設計

142 圖片提供@大雄設計

43

圖片提供@暉昀設計

143 創意中西合璧設計成焦點

客、餐廳之間因配置有雙向美型展示牆,使雙區各有界定、又緊密連結,也讓餐廳呈現半開放,一眼就可望見這獨特餐桌,設計師將古典線條的木桌與白色俐落的現代感桌面合併,搭配自由款式餐椅,營造出無拘的趣味氛圍。

144 素雅北歐風中的亮麗風采

此案以搶眼卻不破壞氛圍的前提下,讓傢具擺飾與空間融為一體,廚房區採用開放式的格局,整體的白色調下,搭上紅色餐椅以及墨綠色吊燈;而裸露的磚牆隱去了空間內本身鋒芒,更為柔和,營造出舒適素雅的北歐風氛圍卻也顯得亮麗。

144

圖片提供@北鷗室內設計

145

圖片提供@地所設計

146

圖片提供@万格創作設計

145 經典傢具平添空間優雅設計

空間內的傢具不一定要多,只要夠用且精選,
滿足生活機能同時增加空間質感。客廳內擺放
了經典款傢具Eames夫妻設計的單椅,以及設計
感強烈的躺椅跟茶几,增加空間細膩質感。

146 舊木桌與花磚重現復古氛圍

因開放格局讓客廳與餐廚區無縫串連,但考量
空間層次感仍以地坪材質變化讓二區擁有隱性區
隔,同時也讓料理區更易清理。至於傢具配置除
了餐椅款式多有變化外,以舊木桌板打造的餐桌
搭配人字拼地板與花磚更顯復古美感。

圖片提供@連寬室內裝修有限公司

圖片提供@洁室空間設計

圖片提供@一畝綠設計工作室

147 舒適無壓的人文風格

木材為空間的主要材質,以自然、簡約的設計風格為主。設計師以線條溫潤的木材質為主軸,應用於傢具當中,柔化冷硬的線條,讓空間更顯得舒適宜人。

148 餐書桌讓家人感情更加融洽

木傢具的穩重質感,最能帶來療育的自然氣息。選擇大木桌作為餐書桌,再加入書櫃讓用餐區也像閱讀區,提升整體氛圍,靜謐且安詳,寬敞的空間成為一家人團聚的絕佳地點。

149 多用途木質小椅凳

木材質總是很具療癒效果,無論是視覺所即還是親身觸擊,都讓人有放鬆的魔力。而小椅凳不僅是座椅,也能被當成小茶几使用。搭配跳色系織品,除了增加視覺變化,也延續木質地的舒適感。

150 溫潤質感潛入傢具之中

設計師期盼賦予屋主一家人有溫度的居家空間,因此在整體的風格調性上以簡單線條為主。當然傢具也不例外,選用帶有棕紅色的深色桌體與藤編椅,藉由桌角的圓滑不尖銳,帶出溫潤、舒適的元素。

151 溫暖蛻變的灰階復古

以灰階為主的簡約壁面,成為映襯傢具的最佳背景,混搭現代及復古傢具單品,紅色單椅具有畫龍點睛的效果,點出空間的活力氣息,也將北歐的獨特風格感受揉合其中。

150

圖片提供@明代室內裝修設計有限公司

151

圖片提供@地所設計

152

圖片提供@優渥實木

153

圖片提供@甘納空間設計

154

圖片提供@明代室內設計

152 簡單線條打造北歐感的家

設計師期盼賦予屋主一家人有溫度的居家空間，因此在整體的風格調性上以簡單線條為主。當然傢具也不例外，選用帶有棕紅色的深色桌體與藤編椅，藉由桌角的圓滑不尖銳，帶出溫潤、舒適的元素。

153 螢光系列的摩登北歐

將螢光色系使用在局部空間中，無論是門窗或是餐具，甚至是抱枕，都更為北歐風加分。白天在自然光的照射之下，可以已讓顏色更為突出，而到了夜晚也讓北歐居家瞬間進入摩登時空。

154 餐書桌延續家的氛圍

鄰近餐桌的牆面，延續使用大面積不規則的方格展示櫃，白色簡約中帶著些許活潑，而餐廳以一張長型木質書桌為中心，讓書桌不只是書桌，平時也可當作餐桌使用，延續家人情感凝聚。

155 經典單椅營造慵懶氣息

高壓環境下的上班族，總期待回到家能徹底放鬆心情。落地窗引自然光灑入室內，並以綠色單椅營造舒適感，讓人可以放鬆休息。光線不足時，也可以透過立燈來補足光線。

156 桌腳轉化出婉約線條

在北歐風格的設計中，會穿插著許多光與空氣的平衡，同時仍充分保有本身的性格與個體性。基於這樣的結合，讓邊桌擁有複合性功能，而且適合放置在北歐居家的任何角落。

155

圖片提供@明代室內設計

156

圖片提供@集品文創 Design Butik

157

圖片提供@好室設計

158

圖片提供@集品文創 Design Butik

157 細細品嘗北歐風味

北歐人熱愛下廚，珍惜與家人的用餐時刻，經常邀家族聚會的屋主也很重視餐廳空間，特別訂製長型的原木餐桌，可以融納10個人，餐桌利用繽紛吊燈和花草點綴，增添活力色彩。

158 線條對比的粗細平衡

以幾何圖形為設計概念的桌椅，以鋁框帶入北歐設計感，在混合簡單的斯堪地那維亞美學風格，帶給居家不同的感受，為空間增添些許輕盈的呼吸感。

159 深色原木餐桌的沉穩感受

北歐人擅長搭配，在任何空間的規劃上都相當細心。整體空間以白色為主色調，看起來明亮且簡潔，選用深棕色的原木餐桌，點綴自然氣息，也為氛圍增添些許沉穩安定的感受。

160 延伸會議的長型餐桌

設計師為了打造在家也能工作的舒適空間，將其中一房打造為半開放式書房，與既有的餐廳區域結合，形成寬闊的會議空間，並選用長型餐桌，將工作氛圍也能延伸出來，達到住辦合一的絕佳效果。

161 白色為基底襯托北歐態度

北歐風最令人印象深刻的，莫過於使用大量木質、白色系列的傢具，搭配明亮色系的傢飾品，為居家增添豐富層次，呈現出清爽簡約的居家空間。

159

圖片提供◎夢星墅設計

160

圖片提供◎北鷗室內設計

161

圖片提供◎北鷗室內設計

CHAPTER 2
傢具傢飾佈置

PART 2
織品與擺飾

善用織品與擺飾來點綴室內空間，從地毯、抱枕與牆面裝飾都有織品的參予，還能夠依照心情與季節交替變化，並透過不同的軟件佈置，打造出精彩獨特且屬於自己的個人特色居家。

圖片提供©張立德

162
「天然」、「有機」材料為織品之本

北歐風有一個重要的呈現印象：「自然」，北歐人崇尚天然材料，這也與他們的生活態度息息相關，所以在材質上多會選擇有機材質為主，使用起來也是更感舒適。

圖片提供©張立德

163
打造專屬的Cozy Corner

「主題營造」是北歐風格居家中的常見手法，透過印花等北歐圖紋元素，以舒適材質創造出的一處角落，就是一抹心靈寧靜的氣息。

164
三角佈置的交叉手法

不管是抱枕或是擺飾，都可以利用物體的形狀與大小，前後放置營造出景深與層次感，顏色上建議有關連性，才能營造出豐富卻不混亂的視覺效果。

圖片提供©馥閣設計

圖片提供©橙白設計

165
趣味圖騰V.S.極簡色調，用器皿分享北歐飲食文化

餐盤擺設與運用，也能觀照北歐生活。北歐飲食文化強調的是與家人共同分享的精神，其講究多功能應用，可隨意組合出不同的搭配方式，而有時以極簡色調呈現，有時則是趣味圖騰，展現看似衝突又和諧的樂譜。

166

圖片提供@Z軸空間設計

167

圖片提供@□□□□空間設計

168

圖片提供@集品文創 Design Butik

169

圖片提供@集品文創 Design Butik

166 彩色掛畫繽紛北歐風

天花漆上白色，壁面則以灰色圈圍，讓乍
看是白色的空間多了些許立體與溫度。相
對於空間設色，以木作工作桌、彩色織品
與一幅北歐風掛畫，種種元素點綴讓空間
更具有北歐感受。

167 畫作點綴人文氣息

以帶有藝術氣息的畫作代替電視位置，開
啟回到家就擺脫3C用品的生活，而帶有
清新自然氛圍的植物，是讓居家空間緩慢
呼吸的最佳擺飾，當人身處其中能完全感
受到放鬆舒活。

168 以幾何線條感勾勒家的樣貌

北歐風格中，以幾何圖形的元素大膽組
合，用色極簡，造成的效果卻一點也不突
兀駭人，反而能帶給人優雅獨特、精巧細
緻的感受，調和視覺的平衡感。

169 以植栽給予清新感受

想閱讀的時候總是希望能有一個安靜的角
落，透過一盞立燈與一張單椅就可以簡單
辦到，但空蕩的氛圍是否令人容易感到疲
憊?不妨以充滿自然氣息的植物來點綴，
在閱讀的同時，也感受著清新的呼吸感。

170 畫作與織品的風格妝點

在北歐居家中，決定整體空間氛圍的除了
天、地、壁之外，更大的影響因子是來自
於傢飾品，透過簡約的插畫、抽象作品與
幾何風格的抱枕，加上質樸柔和的色彩，
簡單營造出北歐意象。

171 盡頭佛像的寧靜與守護

屋主本身的個性頗為嚴肅，對於宗教信仰
也有相當意識。設計師將簡約療癒的風格
帶入其中，將佛像畫與雕像放置於走廊盡
頭與視覺直線的焦點中，讓工作繁忙一天
後，一回到家就能夠放下疲憊好好休息。

170　圖片提供@KC design

171　圖片提供@一畝綠設計工作室

172

173

圖片提供@馥閣設計

172 床頭的現代擺飾散發文藝感

家的溫度不單只源自於家人，家飾品更是質感美學的中心思想。選上幾幅線條簡單的線條畫作來點綴床頭板，營造獨一無二北歐個性的知性氛圍。

173 打造明亮靜謐的閱讀角落

以大面積的書櫃牆面做為基底，延伸佈置書房的閱讀角落。以藍綠色單椅，舒適且為空間帶來明亮清新感，搭配上黃色茶几與柔軟紋路地毯，讓閱讀環境為身心帶來放鬆與好心情。

174 植栽妝點居家空間

引進充足光線的窗台，種植了整片的花草，呼應北歐風格中的自然氣息，與北歐人喜愛利用自然元素妝點居家的手法，帶給室內不一樣的清新感受，讓整體空間煥然一新。

175 草綠搭配深褐色交疊沉穩風格

在北歐居家中，最重要的還是佈置的手法與單品的選擇。透過草綠色與深褐色的錯縱交疊，編織出沉穩的視覺氛圍，在各個角落都放置沉穩色系擺設，讓明亮空間也有安定的效果。

176 以自然元素妝點居家

在北歐，他們也常以自然元素妝點居家。以透亮白色為基調的室內居家，選擇淺色木材作為地坪，再透過充滿自然氣息的植物、水果等擺設來陳列居家，而椅子也挑選草綠色，打造綠意盎然的室內空間。

174

175

176

177

圖片提供@Amily

177 老件搭出北歐時間感

線條與面構成的幾何圖形，中性的大地系顏色組合的沙發布料，編織立體觸感，是營造60年代的氣氛的經典元素，搭配舊貨老件，彷彿重回北歐復古年代。

178 與植栽的共生的北歐氛圍

北歐人喜歡以植物點綴居家，不僅限於小型盆栽，不如樹木般巨大的中型植栽也是另外一種特別的選擇。放置在家中的邊櫃旁，輕鬆就能為居家空間帶來生命力與活力。

179 一幅現代畫作展現北歐風

北歐風格居家中最常見到充滿現代抽象風格的畫作，想要營造北歐風格，可以在素淨、純白的牆面掛上偏現代感的畫作或海報，但偏古典系列或印象派的人物畫、花草畫作就都不太適合北歐風格。

180 純白色留住自然光影

為了讓居家可以充滿光亮的溫暖感覺，利用大面玻璃窗與斜面長型窗的自然採光，為空間注入明亮。同時特意將室內鋪滿白色，除了提亮空間之外，也藉此留住光影的流動。

181 陽台充滿著清爽氣息

對瑞典人而言，經常處於漫長冬日，因此對於陽光也就特別渴望。因此，ManuelaFriedrich特別保留後陽台，並將它重新做了翻修，擺上具有北歐圖紋風格的抱枕與織品，營造簡單清爽的氛圍！

178

圖片提供@集品文創 Design Butik

179

圖片提供@D&L丹意信實集團

180

圖片提供@CRYSONGATE TAIWAN

181

圖片提供@IKEA

182

圖片提供@IKEA

183

圖片提供@ Loft29

182 窗邊佈置替家創造不同景緻

北歐風格相當重視窗邊佈置，這能讓平凡空間
變得有趣、有味道。因此可以在窗台上增加層
板，再放上花器、蠟燭、小飾品等做擺設，就
能替家創造出另一種景致。

183 營造另類北歐的風格情境

利用電線杆剪影壁貼，將屋外才能看見的景象
拉入室內，創造一種視覺錯亂。而選用藍色與
白色，並透過不同的材質相互搭配，呈現出簡
約舒適的北歐風格。

184 色塊、幾何紋路抱枕增添活力

客廳以暖黃色壁磚呈現明亮視感，增添質樸暖
意。選用具有北歐風格的插畫圖樣、色塊式以
及幾何紋路的跳色抱枕，來擺飾沙發調性，為
暖和的空間氛圍增添些許活力氣息。

185 中性藤色創造簡約北歐

客廳背牆使用中性色系的藤色與大地色、木質
傢具的搭配，再配上幾何圖騰抱枕橘色披毯，
讓整體空間在簡潔中呈現明亮與溫暖的感受。

186 花色抱枕點出視覺焦點

以度假形式規劃的住宅空間，為了營造簡單自
然的北歐家居，選擇了深藍色的布沙發，沉穩
安定的顏色，有寧靜心靈的感覺，而搭配上素
淺花色的抱枕點綴，則讓空間瞬間多了繽紛綠
意。

184

185

186

187

圖片提供@福研設計

188

圖片提供@明代室內裝修設計有限公司

189

190

圖片提供@明代室內裝修設計有限公司

187 透過物件給予居家個性

10坪左右的挑高小空間,除了空間運用以及材質規劃,也能透過具有北歐風格的畫作、充滿復古情感的老式電話,來妝點居家,讓充滿暖意的居家空間裡也有些許個性鋪陳。

189 植栽入室讓空間更有氧

北歐人喜愛大自然,家家戶戶總看得見窗邊有盆栽,室內有花瓶,浴室也有水耕植物等,綠色成為北歐人家裡必有的顏色,因此不妨將喜歡的植物花卉,隨意擺放於家中的任何一個空間吧。

188 打造淺色系的悠閒愜意

明亮的天光撒入室內,照映在木地板之上,讓休憩區充滿溫暖感受。特別的燈飾搭配上舒適柔軟的淺色抱枕,散發出愜意的慵懶氣息,讓人身處其中時能也享有悠閒舒適的個人時光。

190 相片牆留下最美好的時光

選擇在入口處的景端牆,運用相片來做佈置,不規則方式排列,讓壁面饒富變化,也留下一家人不同時期的美好時光與回憶,帶來自然的生活感,為生活點綴美好。

191

圖片提供@直學設計

192

圖片提供@集品文創 Design Butik

191 幾何花紋化身為空間亮點

深灰色調的布沙發為基底，搭配上亮黃色與亮藍色等其他的淺白色系的抱枕，就是一幅的平衡的明亮交叉點。可以配選具有北歐配色的幾何花紋傢飾品，作為居家空間的亮點。

192 百搭好用的幾何織品

在北歐風格中，簡潔俐落的線條感，是相當重要的特點。想營造濃厚的北歐氛圍，在織品的選擇上，選用幾何圖形的單品幾乎不會出錯，富有層次卻不失單純的幾何元素，是北歐設計中的一大特色。

193 懸吊擺飾手法統一調性

樑下運用鐵件與玻璃設計懸掛開放吊架，呼應下方的訂製收納櫃間藏酒櫃。於吊架上擺放藝術品與蠟燭裝飾，選擇相近的淺白色系統一調性，為整體空間增加視覺層次感。

194 織品也能是牆面裝飾

直條紋木板的拼接縫也是牆面裝飾的一環，搭配上直線圖樣的織品，讓視覺層次不再單調，褐黃色的配色，也與白色木板拉出反差，為整體牆面打造更迷人的花樣感受。

195 大自然的靈感體現

來自大自然的靈感創意是瑞典風格很重要的元素，除了在居家擺上天然的植栽盆景，包含窗簾、抱枕等織品，也都有自然花草圖樣及象徵草地的翠綠色，回家就像到戶外。

193

圖片提供@直學設計

194

圖片提供@張立德

195

圖片提供@張立德

圖片提供@張立德

圖片提供@Design Butik 集品文創

圖片提供@直學設計

196 繽紛裝飾為家增添趣味

簡單純白的空間中，運用充滿自然的元素裝飾，繽紛多彩的抱枕、小巧可愛的達拉木馬，注入北歐特有的豐富個性。鮮豔的色系在一片淨白的空間中具有畫龍點睛的作用，讓居家更添活潑趣意的氣息。

197 披毯與抱枕的搭配

由於瑞典的氣候四季差異非常大，早晚溫差也大，因此瑞典人在客廳都會習慣放上大大小小、薄的厚的披毯，這些披毯多半圖樣色彩十分多元，搭配大膽鮮豔的抱枕，讓居家更活潑。

198 壁貼讓小孩也能塗鴉牆面

牆面裝飾有很多藝術性方式可以呈現，有天分的藝術家們通常可以大顯身手，讓牆面變成一幅巨型藝術品。有了創意壁貼，除了能創造出藝術牆面，有些壁貼還能當作黑板使用，讓生活更加精采。

199 線條明亮感展現北歐風格

再沒有什麼比充沛的自然採光更宜人的照明方式，同時也能體現北歐人熱愛陽光自然的性格。選擇簡潔明亮又具有線條感的織品抱枕，是呈現北歐風格最佳的表現方式。

200 從線條著手打造北歐風

想要營造北歐的居家風格，從書檔著手也是個選擇，可愛的樣式能為空間增加不同感受。或是挑選具有線條感的家飾品作為重點，透過不同粗細間距的線條設計，來打造簡約悠閒的北歐感。

提供@逸喬設計

201 充滿溫度感的都會北歐風

公共區以多層次的白為主軸,搭配局部清淺木色調裝飾,營造出充滿光感的都會北歐色調,同時善加利用傢具與傢飾軟件作裝飾,透過奔放色彩的掛畫,以及幾何圖騰的抱枕,讓空間更顯活潑有溫度,而橢圓茶几與圓桌凳等配件也提升空間舒適性。

202 自然的觸感讓生活有了溫暖

喜歡天然質感的屋主,選用了亞麻材質的沙發布料,再搭配柔軟的短羊毛大片地毯,坐臥其中隨手觸碰的都是自然材質的觸感,茶几選用大理石桌面,以最溫厚的材料塑造生活溫暖。

圖片提供@層昀設計

圖片提供@地所設計

203

圖片提供@知域設計

203 濃郁大地色調交織安穩空間

為了營造沉穩並安定心神的睡眠環境，主臥內大膽地選擇大地色系的棕灰色作為主牆色彩，搭配暗灰床頭板與黑色壁燈、邊几等配件更顯穩定感，而帶有光澤感的銅金色窗簾與黑、灰、白抱枕及織毯等擺設則增添空間質感。

204 豐富了臥房美感的寢具

臥房為睡眠的地方，寢具和我們有肌膚之親，當然不能輕忽重要性。深紫色和淺紫色紋路搭配的寢具，豐富了臥房的美感，讓日常生活即便是細節，也都不失品味。

204

圖片提供@IKEA

205

圖片提供@摩登雅舍室內裝修

206

圖片提供@集品文創 Design Butik

205 玻璃瓶罐的透明清新

想為家中增添生活中的小趣味，可以透過玻璃罐來完成。將日常所食的水果不再隨意擺放，裝入玻璃罐內也是一種擺飾手法。而一般最常見的花束，也可以經由透明的玻璃罐的手法來增加不同感受。

206 給予溫暖的舒適地毯

在北歐居家中，地毯是不可或缺的一項單品。而在台灣，因為氣候不同，使用地毯的可能性並不是那麼大，但透過柔軟的地毯來打造居家的一角，在身心疲憊的時候，也是個療癒的休憩處。

207 紋路交織的對比感受

宛如五子棋般的織品樣式，深淺層次交錯，是沙發上最特別的存在。主色調與沙發相同，營造是整體氛圍，在明亮的居家空間中，作為最低調的北歐元素。

208 亞麻紋路呈現質感

令人心情平靜的大地色，也是北歐居家偏好的顏色之一。以大地色的溫暖氛圍環抱L型亞麻質感沙發，再選用跳色的紅綠對比色系映襯；同時也是屋主的生活照片展示牆。吊燈／Fanimation

207

圖片提供@澄橙設計

208

圖片提供@築青設計

209
圖片提供@馥閣設計

210
圖片提供@馥閣設計

211
圖片提供@耀昀創意設計

212

圖片提供@北歐室內設計

209 層次擺飾手法營造視覺

以三角形的層次擺設手法作為概念，層層堆疊營造前後視覺效果，選用相同紋路、不同色調的抱枕，豐富並平衡空間調性，來打造舒適、放鬆的睡眠沙發床。

210 趣味配件創造空間不同層次

溫馨可愛的童趣風也是北歐風的另一呈現，選用投影的時鐘來為壁面妝點表情，並在小孩房使用了趣味的氣球與動物地毯，在在都射中了屋內大小朋友的心。

211 三角形佈置手法的應用

空間以大地色系為主軸，營造居家的溫馨感，巧思的在抱枕的選擇搭配上，利用三角形佈置手法的概念，黑色抱枕、橘色抱枕、灰色躺枕有順序的前後放置，帶出空間的沉穩感覺。

212 講究生活質感的北歐空間

運用日本健康專與淺色系家具打造空間，加上具質感的設計品，以不同顏色的傢飾品點綴居家，搭配上沉穩柔和的色系織品，為空間增添明亮舒適的北歐感受。

213 自然仿古傢具打造CozyCorner

客廳一角擺上鍾愛的傢具傢飾，就成了北歐住家中的CozyCorner。麻繩編織手工曲木單椅，搭配貼地、自然龜裂的實木茶几，就是隨性自在的主題休憩角落。後方為英國的鐵製仿古立燈，模擬攝影棚使用的燈具，憑添幾分生活使用趣味。單椅、茶几／PP Møbler

213

圖片提供@堆德國際

CHAPTER 2
傢具傢飾佈置

PART 3
展示收納

圖片提供@彗星設計

「展示型的收納」是北歐風居家的一大特色，從「實用」與「功能面」出發，並循著北歐的質感美學延續，讓收納與生活機能兩者融合，摩擦出不同概念的火花。

214
收納放置的展示美學

比起「收」的概念，「放」的展現更為重要。在牆面上增設架版、長條形的立體展示櫃、十字形層板做出的收納凹槽，都是將展示與收納結合為室內的一處端景。

圖片提供©好室設計

215
利用鐵件裝飾成就收納

在壁面或是櫃面上利用鐵件等裝飾，做出掛勾，將天天都需要使用到的物品隨手收納，而具有裝飾性質的掛勾，即使沒有掛上東西時也顯得可愛，讓收納也是另類的空間擺飾。

216
開放式空間的低矮邊櫃

為了減少空間壓迫感，採用較低矮的邊櫃，不但讓空間有更多的留白，視覺上更為開闊，邊櫃內可以收納，邊櫃上邊還能作為擺飾空間。

圖片提供©北鷗室內設計

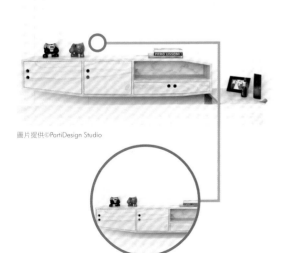

圖片提供©PartiDesign Studio

217
善用分類收納維持簡潔風貌

北歐居家自然尚簡的風格沒有過於繁複的裝潢，因此如何妥善收納也是一大課題，運用多元層架、抽屜將衣服、雜物分類收納，即時開放空間也不顯凌亂。

圖片提供@集品文創 Design Butik

圖片提供@集品文創 Design Butik

218 收納平台同時也是展示舞台

以房屋線條作為設計的工作室置物架，雖然是收納的平台，但也可以當作裝飾，將其組合成獨一無二的天際線，充滿各式書籍、CD與您喜愛的小東西，強調北歐的獨特性。

219 以懸掛的概念方便收納

在北歐風格中，經常能看見隨手收納與空間利用的巧思，可以透過佈置一處懸掛的收納區域，來達成這兩個重點佈置手法。懸掛式的收法，不僅讓空間有了被利用的可能，也創造出更多的收納量。

220 色彩錯視櫃體重量

利用錯落組合增加活潑感的收納櫃，透過開放與隱藏的櫃體搭配，能讓零散的物件完整的被收納，不僅創造出豐富的收納容量，也使櫃體本身成為居家空間的裝飾元素。

221 兼具收納的展演平台

與樓梯底部結合的收納平台，讓樓梯空間有了更多想像，稍微墊高的高度，不僅可以在這裡歇腳休息，下方亦可以收整客廳的小物品，更徹底的體現隨手收納。

220

圖片提供@彗星設計

221

圖片提供@蟲點子創意設計

222

圖片提供@彗星設計

223

圖片提供@Z軸空間設計

224

圖片提供@彗星設計

222 視覺存在感的平衡陳列

屋主以陳列物的存在感作為設計訴求，因此將原來的黑色金屬壁架改造成與牆面一致的簡約白色，除了可以降低載體的視覺重量，也能讓觀者更具焦於陳列物品，同時簡約而俐落的設計，也是北歐風的重點之一。

223 簡約組構新視感層架

牆面規劃三個置物層架，是運用木色厚板搭配黑色薄板組構而成，達到延伸、輕盈、與下方黑色白色調餐桌相互呼應等效果，於視覺上創造出簡單的俐落層次感。

224 鋪陳閱讀的寧靜角落

開放式的壁架可以收納、可以陳列，無論是喜愛的書籍、從遠方旅行收集的藏品，都可以整齊收納。加上隱匿於角落的金屬質感壁燈，自然生成一個安靜的閱讀空間。

225 嵌入壁面的展示平台

在北歐風格當中，機能收納是重要的一個環節，以內嵌黑色層板的設計來打造豐富的收納量，無論是書籍、CD或是擺飾品，都可以放置在此作為擺飾，成為走道上的一處風景。

226 以蒐藏妝點居家表情

屋主不但喜愛咖啡，也蒐集了不少咖啡器材及設備，馬克杯當然也不例外。特別為所蒐藏的馬克杯在牆面設計格子展示櫃，井然有序、簡單整齊，讓居家角落更為豐富有趣。

225

圖片提供@PartiDesign Studio

226

圖片提供@PartiDesign Studio

227 圖片提供@Partidesign

228 圖片提供@思維空間設計有限公司

229 圖片提供@蟲點子設計

227 整合收納的展示櫃體

搭配不同形式的收納盒，使牆面使用靈活度大大提升，無論是抽屜式的收納抑或是開放式的收納，在8×4的方格中，都能被規劃得整齊俐落，在視覺上達到舒適平整的效果。

228 解決畸零，不再有收納死角

規劃室內空間時，不小心意外留下的畸零空間，可以從機能性的角度切入，尋找解決之道。透過櫃體的擺放，不僅能收納屋主大量收藏的CD與書籍，更能將畸零空間妥善運用，同時兼顧收納與空間規劃。

229 牆面轉換立體裝飾平台

文化牆本身獨特感就相當的足夠，但也正因為如此，想再添加點什麼反而就成為比較困難的事情。不妨試試透過木質層板，裝飾牆面為另類的展示平台，讓豐富的紋理有更深入的層次感。

230 機能性的組合式矮櫃

北歐居家在佈置時，多半選用較低矮的櫃體，來打造寬闊的視野與寬敞的空間感受。選用組合式的機能性收納櫃，直立與橫躺都可以隨著自己的心情組合變化，讓家面貌充滿著多樣性。

231 虛實交錯的展示空間

原本位於客廳後方的房間打通為書房區塊，並以玻璃隔間完成穿透設計，一格格的透明展示空間，巧妙引入光線，讓人產生虛實相交的錯覺，令透室明亮並使材質更顯輕盈。

230

圖片提供@柒巴文創 Design Butik

231

圖片提供@一水綠設計工作室

232

圖片提供@耀昀創意設計

232 收納牆成了美化壁面的裝飾

灰中帶藍的電視牆面，是客廳中最穩重的色
彩，為了避免太過清冷，設計師以不規則且藍
白跳色的開放格櫃作為色彩調節與裝飾，讓收
納也能成為展示的一部分，並搭配同色邊几，
讓灰與白的空間點綴跳脫活潑。

233 打光收納營造視覺漂浮感

運用空間特性，打造狹長型的玄關，給予人從
廊道走入室內豁然開朗的感受，而系統鞋櫃下
方給亮凸顯璇挑是櫃體，營造視覺上的飄浮
感，為收納達到展示的目的。

234 純白櫃體的裝飾要角

為了符合北歐風情，設計師使用純白色系的櫃
體裝飾空間，上頭擺放色彩繽紛的裝飾品，為
清爽的空間點稅不少明亮色彩。

235 機能與美感兼具的收納設計

結合衣架與壁架的鋁製衣帽架，不但可輕易掛起
大衣，而且堅固的鋁桿，以及可沿著橫桿彈性移
動的活動式木製掛鉤，都將人們的生活習慣與問
題納入考量，是北歐設計最人性化之處。

233

234

235

236

圖片提供@PartiDesign Studio

237

圖片提供@KC Design

236 具備線條美感的收納櫃

呼應睡眠空間大小的限制，所有東西皆予以輕量化，色調源自公共空間的淺色系，材質則選用雙木夾板，不只在價錢上經濟實惠，簡單的原始木材加上簡約設計線條，讓實用的收納櫃也有了價值以上的美感呈現。

237 調味品也能展示陳列

即便是生活中最活絡的廚房，仍維持一貫的極簡設計原則，僅利用來自西班牙的軸面磚鋪陳牆面表情，並使用梧桐木打造層板，將調味品整齊擺放，再擺上一幅畫作，點出廚房的溫暖基調。

238 美觀又實用的走道區域

北歐居家設計強調實用功能性，走道也能成為收納與展示的功能，以木、石材打造交錯層架和檯面，自然地收著使用者的生活物件，同時不規則的自然木板也是一處牆面風景。

238

圖片提供©PartiDesign Studio

239

圖片提供@上陽設計

240

圖片提供@大湖森林室內設計

241

圖片提供@大湖森林室內設計

239 鐵件與木的組合收納

為了滿足屋主大量藏書的需求，設計師設計了一個長達5米的書牆，並以鐵件作為骨架，再各別嵌入小型木書架，木與鐵件的組合讓書架多了個性，同時也成為相當吸睛的獨創設計。

240 快速收納的方便設計

自廚房延伸而出的餐廳吧檯，除了吧檯更是餐桌的身分，也因此高度上並未如一般吧檯的不方便，下方更有快速收納圖書與雜誌的貼心設計，讓人能夠快速整理桌面，轉換為餐桌一同吃飯。

241 開放空間也能完整收納

公共空間藉由多面向的隔間櫃規畫之下，讓空間在幾近全然開放的狀態，能夠同時擁有豐富的收納機能，並將較有品味與個性的擺飾品，拿來妝點居家表情。

242 多格收納櫃的多重用途

坐滿整面牆面的多格收納櫃，在小朋友的遊戲區域，不僅可以做為書架也能是收納玩具的空間，擺放不同物件也能為方格內妝點上不同的表情，讓收納空間用途更多元。

242

圖片提供@大雄設計 Snuper Design

243

圖片提供@北鷗室內設計

243 畸零空間的轉化特點

利用櫃體的畸零空間來打造展示收納,是最能有效利用空間的方式。反向思考畸零空間不容易利用的特性,將展示品或是小型擺飾放置於此,加上燈光妝點氛圍,輕易營造出展示效果。

244 電視牆也是收納櫃

客餐廳之間以雙面櫃取代實牆隔間,創造出具有放大空間以及可讓光線流動的環繞式動線,面對餐廳的實用收納櫃,於客廳的另一側是電視牆,與能擺放影音設備。

245 收納與展示的要點

室內兩側的壁面都採以壁面打造收納區域的方式,美觀又實用,既能達到收納需求,同時也能將陳列的物品做為展示用途。同時,白色的櫃體也讓空間的視覺效果比較清爽、沒有負擔。

246 三種用途的多元平台

12坪的小房子針對一個人和一隻貓住而重新調整格局,發展出環繞式生活動線。電視牆一旁的藍色平檯式收納,不僅能做為展示用途,同時也是愛貓的跳台,讓生活充滿樂趣與活力。

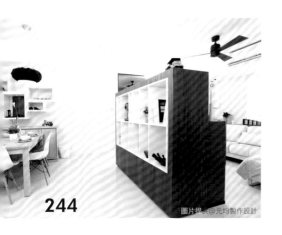

244

245

246

247

圖片提供@匡澤設計

248

圖片提供@地所設計

249

250

247 兼具收納機能的穿透隔間

近30年的老房子，不更動原始狹小的隔音牆，而是以物件來界定空間領域。比如運用穿透的玻璃層架，不僅維繫著人與人之間的互動，更賦予了實質的機能與透光性。

248 隨意收納營造生活感

廚房區特別選擇奶油白櫥櫃，與透明玻璃做為展示收納的另類手法，替居家注入柔和的幸福溫度，搭配上各種不同材質的傢具，刻意讓住家保留一絲自在隨性。

249 以材質展現工業元素

延續收納架元素，在白色磚牆面上也簡單設置層架，白色雖然給人簡約、現代感，但粗糙的磚牆表面搭配上鐵件層架反而突顯其獨特個性，更巧妙演繹男屋主喜愛的工業風。

250 善用空間化身有型收納牆

切齊牆面並以梁柱深度打造成整面收納櫃，解決收納與畸零問題，並以深色木皮包覆牆面延伸至天花，拉闊視覺感受；最後再以金屬洞洞板與造型吧檯，注入工業風元素，增添收納牆的獨特性。

251

圖片提供@尚藝設計

251 薄片層板的視覺衝擊

以薄鐵片作為層板架構概念，嵌入木質牆面，以不同材質的差異性點燃視覺的衝擊力度。透過單片層板的架置，將物品陳列於上方，乍看之下，宛如是展示品，但其實也是收納的一種手法！

252 感受伴讀的生活雅趣

書房規劃並安排座位，營造未來夫妻伴讀的生活雅趣，並採用亮面的烤漆玻璃作為材質，兼具留言備忘錄與塗鴉牆功能，上方則規劃層板，滿足展示收納需求。

253 彎曲鐵片的另類用途

客廳電視牆大面積使用梧桐木來做鋪陳基底，嵌入彎曲的鐵片以及富有紋理的石板，散發著裝置藝術的氣息。而彎曲的鐵片不只是裝飾，同時也是放置藝術品、擺飾品的展示平台。

252

圖片提供@和薪室內裝修設計有限公司

253

圖片提供@明代室內裝修設計有限公司

254

255

254 上下疊櫃展示輕鬆生活感

屋主為飛行機師，工作時需極度專注，希望回到家身心均能完全放鬆。為此設計師選擇以紓壓簡約風為主題，在公領域藉由淡雅自然色系的傢具，搭配牆面交錯安排的木格櫃設計，增加了收納機能、並營造出休閒生活質感。

255 幾何線條為概念的訂製收納櫃

為了不讓空間看起來過於複雜，同時要兼顧生活機能，設計師以幾何線條為設計發想，白色烤漆的收納櫃，可以是空間的視覺線條同時也是收納物品的實用櫃體。

256

256 釋放吐納氣息的生活感收納架

喜歡種植植物的屋主，也常出國旅遊，因此當設計師規劃
室內空間時，屋主提出想有一個能擺放植物且展示物件的
架子，讓生活吐納在綠意之中，包圍在記憶當中。設計師
運用了鐵件和原木，規劃了細線條質感的架子，好看又實
用。

257 木層板拉出展示與裝飾線條

在一字型的狹長格局中，設計師利用純白文化石牆、傢飾
軟件與輕淺色調的木地板等，營造出明亮紓壓的北歐風
格。另外，適度在牆面加入木層板、掛畫，以及桌几、矮
櫃等配件讓畫面更顯活潑，也增加收納與裝飾效果。

257

258

圖片提供@知域設計

258 躍動式排列讓牆櫃輕盈活潑

屋主將多年老屋重新裝修作為新婚住居,並將其中一房規劃為兼作客房的獨立書房,房內除了備有具收納機能的臥舖,更利用牆面配置桌面與櫃體,躍動式排列的牆櫃採開放與門櫃混合設計以避免壓迫感,增加裝飾美感。

259 享受天天天藍的敞朗更衣間

就算是更衣間也要徹底實現北歐風的明快質感,設計師將左接臥房、右鄰浴室的更衣間配置玻璃隔間,讓視線與光線均可自由穿梭在空間中,並在櫥櫃面漆上亮麗天藍色調,搭配人字拼木地板,讓畫面更有層次與美感。

259

圖片提供@方構制作設計

260

260 木紋色階譜出自然協奏曲

藉由地板、牆面及傢具設計的需求,在房間內放入大量木元素,透過染淺處理或原色呈現營造簡約感,並以適度留白與穿透的屏風讓空間有呼吸感;另外在床邊還有細緻的木格小抽屜,是專為女主人設計的飾品收納櫃。

261

圖片提供@橙白設計

261 具有人文質感的展示平台

餐廳採用文化石漆白做為背景，隱約的輪廓、帶點歷史感的粗礪表面，與梧桐木的牆壁展示架相映襯。蒐集馬克杯是許多人的愛好，而餐桌旁的展示櫃也正好可以做為展示平台。單椅／HermanMiller

262 木材打造閱讀天地

位於走道一側的書房，以壁面為基礎概念，將桌體與櫃體嵌於牆面。桌子抽屜於桌面下方，透過相同材質的應用，讓抽屜隱形與其中，而櫃體採用開放式設計，去除拉門的同時也能清楚看見收納現況。

263 將壁面改造為展示舞台

經過縝密的空間規劃，決定將客廳與餐廳合併為開放式區域，放大走道空間，壁面設計為大量的開放式層板，除了收藏書籍，不規則的間隔空間，更是屋主展示公仔的舞台。

264 藍灰照片牆承載生活記錄

廊道端景塗上藍灰色乳膠漆，成為黑、白、木皮的空間中，沉靜穩定的主牆色塊。展示架以木層板半內嵌方式呈現，是屋主的生活紀錄區，希望未來能填滿精彩的照片、紀念品展示。

262

263

264

265

圖片提供@豐聚室內設計

266

圖片提供@馥閣設計

267

圖片提供@木相設計

268

265 善用畸零空間展示收納

不平整的牆面以鞋櫃、餐櫃與電器櫃一字形拉平，卻以鏡面與木質量體的不同材質，營造黑與白的是絕對比。櫃體的中段挖空及凹陷區則可以擺放書報架或展示品，實用又美觀。

266 多機能展示收納空間

工作室的書房結合上掀床休憩空間，以淺色木紋成為全室唯一個性語彙。左側壁面則整合書櫃、儲藏櫃、展示櫃等多功能性，讓展示空間也有收納機能。茶几／Ligne Roset

267 收納櫃也是裝飾空間的一部分

設計師跳脫制式收納櫃體的想法，試圖讓佔據不少空間的收納櫃也能成為裝飾空間的一部分，因此從入口玄關開始，以簡約的歐式線板勾勒櫃體線條，創造方格狀的收納牆面，並且刷上鮮明的藍色漸層，讓櫃體在實用功能之外也為空間增添視覺亮點。

268 客廳與餐廳機能合一

客廳也能是書房哦！開放式的書房完全不做隔間，分享了客廳的明亮採光，好好享受閱讀時的天馬行空，書櫃多重分割的角度，呈現垂直與水平的俐落線條感，個性化十足。

PART 1
燈飾選用

北歐風格愛用燈飾，設計也相當突出，因此誕生許多經典，令燈飾也成為北歐風格中不可或缺的角色。由於北歐唯有在夏季才能享受充沛日照，利用燈飾的輔助來創造室內的暖意與明亮感受就變得非常重要。

圖片提供@禾光室內裝修設計有限公司

269
散發性光源的概念應用

這是一個十分重要的概念，散發式的光源使用，讓空間產生放大感，燈飾最好選擇上下皆可散發光芒、有寬闊照幅的樣式，能使光芒散發於空間的每個角落。

270
複合運用的燈飾手法

為了讓室內保持光亮感，一室多燈的照明配置在北歐風格中相當常見，透過多種燈飾的複合運用，讓居家空間充滿溫馨氛圍。

圖片提供©王俊宏室內裝修設計

271
黃光營造溫馨放鬆氛圍

善用立燈、檯燈等以黃光為主的燈具即能營造出北歐風格居家的溫馨氛圍，而柔黃光線更是有助於放鬆心情。

圖片提供©達譽設計

圖片提供©AWORK DESIGN STUDIO

272
低位置吊燈降低壓迫感

北歐風家居常會採用較低位置的吊燈，例如距離餐桌60～80公分的位置即是一大原則，因照明位置變低，人的視線也跟著降低，進而減少壓迫感，提升放鬆感。

273

圖片提供@明代室內設計

273 兩樣燈飾點亮居家明亮

由於區域之間保有穿透與連結，使得光線更能自由穿梭室內。北歐風的一大特點是多重燈飾，在同一空間內，使用大量的燈飾來界定場域，不僅能讓空間維持明亮，同時也能給予每個角落充足光線。

274 成排的燈飾也是一抹風景

在北歐居家中，燈飾是不可或缺的角色，多點光源也是北歐風格的重點概念。透過線條俐落、色彩簡約的燈飾，不僅能為室內帶來明亮，也是一處賞心悅目的景色。

275 同中求異的吊燈法則

燈飾在北歐風格中佔有相當大的成分，以圓形的概念進行吊燈雕選，並以不同的細節處作為層次區隔，在裝設時透過高低不同的規劃，來營造豐富的視覺感受。

276 畫龍點睛的燈飾設計

北歐國家冬天日照較短，為了提供生活所需的照明，燈飾的運用就顯得格外重要，以簡單的吊燈取代天花板嵌燈，不僅節能省電，更讓居家充滿著濃厚北歐個性。

274

圖片提供@Yvonne

275

圖片提供@Partidesign

276

圖片提供@MUTTO

277
圖片提供@IKEA

278
圖片提供@IKEA

279
圖片提供@IKEA

277 造型感吊燈是空間的視覺風景

一盞好看的造型吊燈，往往能提升空間的視覺美感，尤其餐桌上懸掛一盞既能有充足光源，且線條漂亮的燈飾時，用餐氣氛也會無形中變得美好。可以挑選大膽一點用色的燈款，當成空間內視覺重點。

278 微弱的角落光源讓人放鬆

回家，就是為了好好放鬆。有時候不一定非得要讓室內通間明亮，僅開一兩盞小燈，昏黃的光線反而能讓人感到輕鬆慵懶。尤其是沙發旁，很適合放一盞落地燈做局部照明，也可藉由更換燈泡的瓦數來決定適合的明亮度。

279 點綴 OPEN PLAN 空間

客廳區以OPEN PLAN方式（開放式）來做規劃，跳脫制式框架改以傢具來做安排，舖排出兩種活動空間。選用特別造型的吊燈，並調降高度融入空間當中，巧妙成為界定空間與環繞動線的中心。

280 吊燈讓老空間有了現代轉折

瑞典IKEA Communications設計師Manuela Friedrich的家，試圖讓房子保有60年代的魅力，但一方面為了給它一個現代的轉折，於是在二手老件中加入現代吊燈，新舊之間重燃風格溫度，房子看起來也更具個性化美感。

280

圖片提供@IKEA

131

281

圖片提供@十一日晴設計

282

圖片提供@KC Design

281 雪花吊燈為空間聚焦

將餐廳旁的書房隔間拆除改以玻璃，好讓廳區的光線能帶入書房，而餐廳也選用造型獨特的白色雪花吊燈，白天呈現明亮，晚上卻又能呈現美麗的光影氣氛。燈具／IKEA

282 輕盈明亮的視覺效果

配合整體空間的輕量感，選用造型簡單的傢具做搭配；並以材質混搭的款式如：木桌面搭配鐵製桌腳、塑料椅搭配木腳椅等，豐富空間層次，而略顯冷靜、現代的選配公式，恰好利用帶有復古風的工業吊燈做化解。

283 餐桌上的聚光焦點

餐桌上是美味佳餚上菜後的展示舞台，以帶有華麗質感的圓形吊燈來打亮菜色吧。圓形燈罩在下方縮口處，可以藉由此產生光源聚焦的打光效果，外圍反光的燈罩，色調恰好與椅子相互呼應，協調整體畫面。

284 散發自然氣息的手作感燈飾

北歐風格在於自然不做作，帶點原始粗曠感的風格，餐廳上端選用舊物改造的傢飾燈具，散發著舊物特有的使用感，就能為空間塑造出樸實的北歐生活氣氛。

285 單純配色突顯人文質感

廚房牆面選用中性灰色彩，配合上此處的木頭傢具，散發出淡淡的人文氣息，隨著使用者的生活累積，加入一盞單純配色又造型特別的吊燈，點亮溫暖質感的居家氛圍。CD Play／B&O

283

圖片提供＠上陽設計

284

圖片提供＠Yvonne

285

圖片提供＠PartiDesign Studio

286

圖片提供@甘納空間設計

287

圖片提供@集品文創 Design Butik

288

圖片提供@王俊宏室內裝修設計

286 透光捲簾讓日光灑滿全室

北歐國家因為日照不足，更是渴望陽光的存在性，採光條件極佳的新成屋，書房選用透光較好的捲簾，保留白天光線明亮舒適的氣氛，晚上則以一盞立燈輔助，讓閱讀多了一點放鬆的感覺。

287 燈飾照亮著活潑生命力

除了線條簡單的北歐燈飾之外，也有以北歐元素構成的美麗燈飾。結合幾何型態、繽紛色彩與構成理念的燈飾，複雜中卻又呈現另類的簡潔美學，放置在北歐感的居家中，肯定是一大亮點。

288 不透光燈罩弱化光線強度

因應屋主喜歡待在不同角落窩著的生活習慣，在長時間坐落的地方，皆擺放、吊掛上立燈與吊燈，隨意選擇想要的黃光或白光，選用不透光燈罩的類似款式，讓光線也能柔和不張狂。
沙發、立燈、吊燈／LigneRoset

289 復古燈罩讓家更有感覺

發散性的光源對北歐居家來說是十分重要的概念，從餐桌延伸至書房，特別選用復古燈罩款式，藉由散發而出的溫暖黃光，讓居家空間產生暖意。

290 中段點綴溫馨光源

如果要在居家空間中強調「溫馨感」，可在客廳的中高處地帶，用立燈或放在茶几上的桌燈增加空間的亮度和溫暖氣氛，便整體視覺效果給予發散性的明亮與舒適。

289

圖片提供＠大湖森林室內設計

290

圖片提供＠北鷗空間設計

291

圖片提供@禾光室內裝修設計有限公司

292

圖片提供@集品文創 Design Butik

291 透光天窗與空間完美融合

室內除了牆面開窗,還在天花板做了天窗設計,讓室內每一處都感受到自然光的照拂,同時選用鏤空編織燈飾,並搭配淺色木頭材質的運用,創造自然悠閒的北歐調性。

292 銅鈴般的沉穩與柔和感

線條柔和的燈飾,外表像是銅鈴的設計,結合霧面材質與暖和的奶油色系,讓空間充斥著溫暖的舒適氣息,放在任何空間中,都能透過燈飾來表現溫暖的北歐風格。

293 照明增加空間想像力

空間的照明設計,以空間的使用率進行分配,挑高的公共空間是家人活動主要場域,並配合開放空間,安排天花嵌燈、壁燈、立燈,因應不同的使用需求。上層主臥屬於睡眠空間,照明以檯燈為主,局部光影造就無法看穿的視覺,一明一暗間產生「這空間到底有多大」的無限想像。

294 醒目吊燈讓吧檯區更吸睛

北歐風空間線條偏簡單、乾淨,為了增添點變化,適度加入造型相對醒目的吊燈做裝飾,美化了吧檯區,也變得更吸睛。

295 蜻蜓、鳥兒在吊燈上停歇

為了讓室內始終保持光亮感,北歐人在家中各個空間都有著至少兩盞以上的燈飾,餐廚皆配置吊燈,特別是餐廳造型獨具的吊燈,不只長出樹葉,還有蜻蜓、鳥兒在燈桿上停歇,充滿自然意象,也讓餐廳變得好不活潑。

293

294

295

296

圖片提供@禾光室內裝修設計有限公司

296 簡約壁燈散發溫暖光芒

北歐住家看待自然光與人造光一樣重視，簡單
素雅的空間，夜晚時可適度運用壁燈注入溫馨
感，其所散發出來的柔黃光線、色溫，平衡了
整體調性也散發溫暖光芒，白天則透過百葉簾
引入光線，或根據需求調整明暗。

297 掛畫吊燈，小家很有藝術味

質樸的餐廳區裡，運用造型吊燈和掛畫做裝
飾，燈具充滿設計感，而畫裡則饒富意境，讓
小家、小環境很有藝術味道。

298 不同燈飾造型為家豐富層次

3C型男屋主期待家能簡單並同時有溫度，掌
握北歐風格以白色為底的透亮簡單，採用自然
材質並選用具線條感與簡約現代感的燈飾，吊
掛在重點場域，突顯屋主個性的生活基調。

299 角落有專屬燈光陪伴

公共區域的開放式設計不僅拉大空間寬度，生
活尺度更是無限寬廣，在餐書桌與餐廳吧台
區，各自選用了不同簡約線條感的燈飾，呈現
整體空間畫面，無論在哪個角落，都能有明亮
舒適的光線陪伴。

300 簡單中綻放白色光芒

簡單的白色燈飾，乍看之下是個單純的造型，
仔細查看會發現它身上宛如光芒散發的切口，
綻放在空氣之中，將空間的每一處角落帶來明
亮氣息。

297

圖片提供@禾光室內裝修設計有限公司

298

圖片提供@直學設計

299

圖片提供@菁埕設計

300

圖片提供@集品文創 Design Butik

301

302

301 摩登燈飾一前一後完美聚焦

為改善長形屋原本比例失衡的問題，先將廚房作開放設計
並與餐廳串聯規劃於房屋中段，使之成為居家生活重心。
接著藉由一對黑色吊燈讓室內視覺更顯聚焦，再搭配黑色
簡約立燈與暖色傢具體現北歐風的溫馨感。

302 柔美吊燈讓人回歸單純

以北歐風為裝修主題，將格局重新配置後放大公共區比
例，並在餐廚區給予大面積留白，僅在天花板上運用天然
木皮裝飾，再以柔美的白色吊燈確立餐桌區，而左牆創造
更多機能櫃體來彌補廚房空間的不足。

303

303 老燈具讓空間有了重量感

有著歲月痕跡的傢飾,都帶了某種時光的存在感。餐廳區塊特地選擇了老燈具,添加空間重量,再搭配老木頭製成的鏡框與原木桌面,形塑出美好的生活居家氛圍。

304 幾何線條燈飾強化視覺活潑感

希望空間感覺輕盈,不想使用太過厚重的吊燈或燈飾,因此挑選了設計師款燈飾,藉由幾何線條的造型,具有鏤空的活潑視覺同時兼顧照明,也讓空間更具設計風味。

304

305 以立燈、檯燈取代天花板嵌燈

不用做華麗的天花板嵌燈，善用立燈、吊燈去創造北歐風的溫馨感，餐廳用一盞比例強烈的吊燈當作主燈，再搭配其他桌燈或立燈，亮度就已經足夠。

306 毬果般的柔和設計

設計師以自然植物為靈感，以葉子的外型包覆燈具，成為如毬果狀的有機造型。防炫光的設計使光線柔和，毬果外型使光線剪影都美麗，放在北歐居家內，是柔化空間調性的好選擇。

305

圖片提供@Design Butik 集品文創

306

圖片提供@集品文創 Design Butik

307

307 羊毛氈大吊燈營造溫馨氛圍

由女主人親自挑選、丹麥設計師Iskos-Berlin以綠色地球為靈感創作的再生PET羊毛氈吊燈，不僅環保、還兼顧隔音效果，用於餐廳，可營造居家用餐時的溫馨氣氛。

308 群聚排列燈飾帶出溫暖北歐

簡單卻又強烈的裸燈外型，可做為單一光源，或是成對、整排、群聚的方式呈現，創造出現代斯堪地那維亞式吊燈，更烘托溫馨且浪漫的氣氛。

308

309

圖片提供@頑渼設計

310

圖片提供@集品文創 Design Butik

309 玻璃吊燈、原木撞擊北歐時尚感

落地窗以可透光的捲簾作遮蔽；餐廳工業風的玻璃吊燈，與客廳的鐵製懸吊櫃呼應，與紋理分明的柚木牆面撞擊出陽剛、俐落的時尚感。因應男主人的音響設備眾多，電視牆左側設置機櫃集中擺放，側邊有散熱孔確保機器能正常運作。

310 以燈飾剪貼光影蹤跡

在北歐設計中，有許多帶有濃厚設計感的燈飾，透過各種巧思變化出不同的北歐面貌，以幾何造型為概念的燈飾，在空間中為分為照亮表情。

311 反差燈具提昇趣味

到這兒就是來度假的，7米長的落地窗景就是教你純粹以天然光佐柔和人工光源，賴在沙發上慵懶地度過一天。葉片意象的餐桌吊燈與現代感十足的線條立燈是設計師特意加入的衝突風格元素，視覺上的反差能提升空間的趣味性。吊燈／喜的燈飾（絕版）

312 黃光打造溫暖療癒人文風情

以金屬鍋蓋燈打出黃光，映照在質樸溫潤的實木桌面上，滿足讓家裡擁有一處如同咖啡店角落的夢想。工業風的造型燈讓北歐風逸散出些許loft味道，搭配實木桌面產生濃濃的歲月底蘊，柔和的黃光也化解金屬質地的冰冷。

313 慵懶VS工業共存的個性燈具

燈具除了照明，也具備營造氛圍、界定空間的效果。客廳簡約華麗吊燈與沙發形成一方慵懶的休憩角落；女主人堅持選用仿工地燈造型的工業風吊燈，則用在餐廳，營造明快俐落氛圍。

311

圖片提供＠頑渼設計

312

圖片提供＠澄橙設計

313

圖片提供＠橙白設計

314

照片提供@燈白設計

314 旋轉吸頂燈走到哪用到哪

黑、灰、白的無彩居家，藉由提升傢具質感與趣味點綴，能讓整體氛圍更加細緻、突顯個人風格。可360度旋轉的吸頂吊燈，燈罩為塑料材質、弧線與底座則為鐵件，可隨著使用者當下的閱讀、喝咖啡等需求、隨意調整。

315 古銅金吊燈凝聚全室焦點

在北歐風的無壓空間中，印度黑搭配內緣古銅金的餐桌吊燈，就像主角一般的令人矚目！重色調加上體積小，可以凝聚視覺焦點卻不顯笨重；具備年代感的仿舊處理更和一旁的漆白文化石很搭。

316 伸縮吊燈使用更方便

懸掛白色鐵製吊燈，上下可伸縮超過30公分、方便隨使用習慣作調整。壁面則是無框畫組合，設計師希望能在未來成為屋主專屬的精采生活照片牆。單椅／Herman Miller

317 材質造型打造空間細節

設計師透過餐桌兼工作桌面上方兩組造型吊燈，為空間劃分細節層次，不同造型但相同材質的吊燈，也是空間中的設計小巧思，而水泥材質呼應下方白色餐桌，平衡空間的視覺溫度。

315

圖片提供＠橙白設計

316

圖片提供＠橙白設計

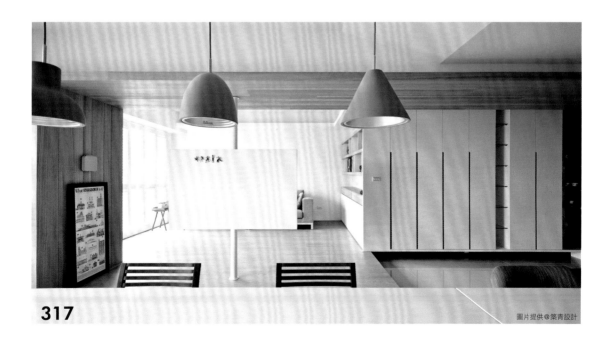

317

圖片提供＠築青設計

318

圖片提供@和薪室內裝修設計有限公司

319

圖片提供@馥閣設計

318 簡白燈飾釋放清爽色溫

餐廳懸吊素雅吊燈，並刻意選用燈罩內外皆為白色的款式，內部採用省電燈泡，釋出較淡雅的偏藍色溫，而造型簡約的燈罩不僅柔化空間線條，也便利日常清潔，更體貼居住者的生活舒適度。

319 日光遇上反射素材灑落明亮

自然光利用大面窗戶灑落室內，並藉由反射素材如左側的黑色烤玻璃廚櫃、白色拋光石英磚，讓用餐空間更加明亮通透。上方吊燈採冷調白色燈罩、黃光燈泡，透出暈黃的溫暖氛圍。單椅／PPMobler

320 現代設計感強烈的燈具

燈飾外型眾多，要創造北歐隨性風格就不能選擇線條繁複或是歐式古典風格的燈具，具有現代感、線條感的燈具才是首選。若預算充足，許多知名北歐設計師的燈具作品都是很好的選擇。

321 水泥吊燈呼應清水模隔間

餐廳、玄關天花鋪貼噴砂栓木皮，模擬北歐原木屋頂的休閒氛圍。懸掛於餐桌上方的淺灰水泥吊燈，因為重量關係，特別加強天花角料，刻意用來呼應左側清水模隔屏，串起不同空間。在玄關上方精心採用不規則紋理木皮搭配方形嵌燈，以求無縫吻合。吊燈／喜的燈飾

320

圖片提供@CONCEPT 北歐建築

321

圖片提供@築青設計

PART 2
採光設計

圖片提供@惟德國際

由於地理天候因素,因此採光對北歐來說很重要,大窗景與開放式設計都是應用在空間上的手法。他們的住屋都具有相當程度的「向光性」,透過大面積的窗戶引入自然光線,與室內光源融合,使居家自然漫延著清新的溫暖氛圍。

322
穿透光線的明亮照幅

無論是採用屋頂開窗、大面積落地窗,或是透過白色紗簾、輕玻璃材質產生穿透光源,都是重視「透光性」的北歐居家最常見的採光手法。

圖片提供@Concheiro de Montard

323
純白色留住自然光影

在北歐日時間短，因此讓陽光能盡情投入與能讓空間一直保持明亮是兩大重點，因此除了大面積的自然採光之外，運用純白色調提高空間亮度也是方法之一

324
共享生活的開放式設計

北歐人相當注重家人，在「少即是多」的概念運用下，減去多餘的隔間與過度的裝潢，增加共處與交流的機會，讓家人共享更多的生活。

圖片提供@大雄設計

圖片提供@福研設計

325
使用雙層窗簾調節自然光

北歐一年僅有三個月會有充足陽光，因此逐陽光而居成為北歐風格的一大特色，而常有大面積落地窗與各式各樣讓陽光入住的設計，但因地制宜，若夏天陽光較強，也可採用雙層窗簾，一層阻隔光線，一層調節光線並保護隱私。

圖片提供@PartiDesign Studio

326 軌道燈補足光源與焦點

雖然書櫃收納牆鄰近著窗邊，但仍有光線不足的問題，透過軌道燈能隨意調整光線聚焦，為整面書牆帶來更明亮的光源，同時也能透過光線的聚焦點來打亮物品的展示位置。

327 延攬光線中有簡單變化

一樓採光以大型落地窗為為主，透過銀狐白石材與透明玻璃結合，不僅一覽窗外美景，更能延伸視覺的連動性，光線也能從透明玻璃處照射進來，讓空間充滿明亮。

圖片提供@懷生國際設計

328

圖片提供@耀昀創意設計

328 明亮空間的北歐休閒風

客廳選用一大片落地窗，使陽光恣意地撒
入屋內，調整原本採光不佳的問題，而舒
適的木地板，反射自然光線，也為居家空
間打亮舒適休閒的北歐感受。

329

圖片提供@Concheiro de Montard

330

圖片提供@KC DESIGN

331

圖片提供@IKEA

329 以光線灑亮空間

無隔間的設計保持此區的寬敞，階梯式的設計，讓視線得以穿透，大面積落地窗的設計，將戶外自然陽光引入室內，灑亮空間的同時也減輕不少壓迫感受。

330 光影帶進家裡

鞋櫃設計以輕盈的雙木夾板打造，櫃體懸空不落地其高度不過膝，讓自然光線可無拘無束照射進室內，空間裡的白及地面的灰讓光線產生折射、相互輝映，採光因此有了加乘效果，只要再輔以簡單的人工照明，就能滿足全室的照明需求。

331 把光引入室享受最自然的照拂

人工照明再美也比不過自然光的溫暖，瑞典CarinaCafeldt的家於是利用開窗設計，把光線引入室，在室內就能享受自然光的照拂。另外，床頭兩側也安排閱讀燈，可針對需求彈性運用。

332 亮面材質的打亮效果

位於房屋較深處不易採光的區域，借用亮面材質的光線反射效果，一方面可達到空間放大，另一方面則讓光線可以藉由折射打亮空間，即使沒有直接採光，一樣也能讓空間有明亮感。

332

圖片提供@KC DESIGN

333

圖片提供@上陽設計

333 三片捲簾掌握光線自由度

採光對北歐空間來說相當重要，因此設計師利用大面窗，讓室外光線可以毫無阻礙的引領體入內，光線的調節就用捲簾來做因應，三片各自分開的形式，讓屋主擁有自由選擇光線強弱的最高自由度，同時也能維持大面窗的清透感。

334 可折式落地門提升整體採光

餐廚與陽台之間的連結，透過大面落地窗結合可折式落地門，必要時可全面展開，增加整體自然採光，天花結合間接燈以及嵌燈規劃，也給予了必要的照明，至於中島燈飾亦增添層次更有氣氛。

335 落地窗大幅照亮空間

原本幾乎全空的室內空間，因應著屋主對於餐廚以及人文北歐風格的喜好有了嶄新的面貌。透過大面積落地窗將陽光請入室內，再藉由壁面的材質特性，反射後打亮整體空間。

336 安定心神的光線

相較於公共領域的明亮採光，臥房適合經由木百葉篩選出具有助眠效果的柔和光線；刻意柔化過的光線灑落在以水藍色調為主的主臥，讓洋溢著清新氣息的睡眠空間，同時也呈現靜謐的安眠氛圍。

334

圖片提供@PartiDesign Studio

335

圖片提供@PartiDesign Studio

336

圖片提供@上陽設計

337

圖片提供@大雄設計

337 穿透材質讓空間充滿日光

空間原本就有良好的採光，運用穿透材質及設計手法，儘量讓自然光線能佈滿整個空間，並採用間接燈光及軌道燈輔助室內照明。單椅／HermanMiller

338 天光穿透映滿一室明亮

大面自然光透過無實牆阻隔的開放空間，充沛天光直達餐廳。廳區天花嵌燈作為人工照明；沙發旁輔以立燈補充光源、閱讀也不擔心。紗簾具備窗簾與遮光布效果，解決白天過亮問題。紗簾／HunterDouglas。沙發、立燈／LigneRoset

339 沉浸日光的更衣間

屋主渴望能有一間寬廣的更衣室，設計師仍維持客廳與房內同種木材質，為屋主打造一個更衣室，同時也保有室內的採光，讓更衣間好fresh。

340 大開窗享受日光的清爽

客餐廳之間維持開放無阻隔的動線設計，好讓大面開窗能將充沛光線引入室內，在家也能享受日光浴般的清爽舒適，夜晚時則透過間接照明給與放鬆的氣氛營造。

338

339

340

341

圖片提供@元均制作設計

341 每個角落都充滿自然光

北歐人喜歡用大窗迎接陽光，也十分珍惜自然光，因此想塑造北歐居家第一步便是要讓生活充滿日光，走道上特意保留自然光灑落的機會，並搭配一盞skygarden吊燈，裝飾意味濃厚的花園圖騰，亦有引入自然的想像。

342 保留庭院享受自然光線

一樓的優勢是擁有難能可貴的庭院，經過重新整理，落地窗也可向外開啟，打破室內外的界線，透過光線，讓生活與自然緊密連結，寬敞的平台更是小孫女玩耍的遊戲場。

343 來自室內的戶外天光

入門的玄關處，木質牆面上設置了黑色鐵件盒子，燈光向下照就能創造出如自然光般的光影效果，而且穿過木頭的燈光更顯自然。

342

圖片提供@方禾設計

343

圖片提供@水相設計

344

圖片提供@甘納空間設計

345

圖片提供@甘納空間設計

344 開放設計讓日光溫暖空間

將主臥出入口規劃在靠近窗戶的位置，使整個光照面積更寬廣而不被阻斷，位於中間位置的主臥衛浴，利用玻璃間隔引入外層光線進入，解決無開窗空間造成的封閉感。

345 透光捲簾讓日光灑滿全室

北歐國家因為日照不足，更是渴望陽光的存在性，採光條件極佳的新成屋，書房選用透光較好的捲簾，保留白天光線明亮舒適的氣氛，晚上則以一盞立燈輔助，讓閱讀多了一點放鬆的效果。

346 鐵件玻璃摺門兼具主牆效果

通往廚房的入口採取鐵件玻璃拉門，細膩的線條，加上玻璃特別以導角設計，整體精緻質感讓門片不僅僅是動線，更是空間的視覺焦點。

346

圖片提供@CONCEPT北歐建築

347

圖片提供@匡澤設計

348

圖片提供@地所設計

347 虛實玻璃牆增明亮

沒有對外窗的書房，經過重新調整格局之後，在新立的牆面搭配可透光、不可透光的兩種玻璃材質，既可適當的遮蔽隱私，卻又能讓房內、廳區皆可獲得更為明亮的效果。

348 沉穩大器的光線手法

設計師特別選用黑色沙發與巧克力色的百葉窗，透過光線的特性，利用明亮與深色調的反差對比，在光源充足的空間中，營造沉穩大器的居家氛圍。

349 老件窗框延展光線

廚房的隔間牆上緣，特殊的水平橫窗是舊建築的老件，扁平的比例設計，在視覺上可增加室內的高度，而透過玻璃的特性，將光線毫無阻隔的延伸入室內，讓空間充滿明亮舒適感。

350 簡約沉穩的書房空間

除了寢室以外，書房為屋主最能放鬆身心靈的一隅，因此書房的氛圍與空間感就更顯重要。可調整的百頁窗簾，延續整體空間的木質色系，以沉穩簡約的手法，讓屋主也能隨心所欲變化光線。

349

圖片提供@匡澤設計

350

圖片提供@地所設計

351
圖片提供@地所設計

352
圖片提供@尚藝設計

353

351 簡潔空間的明亮感受

屬於女主人的廚房空間，主要以白與淡卡其色
為主。因為戶外是自家庭院，所以沒有隱私外
洩問題，簡單透過落地捲簾調節明亮。室內則
運用吊燈、軌道投射燈作重點照明，減少嵌燈
等漫射光源的使用、保持天花簡潔，能夠分區
開關相當方便，還可達到節能效果。吊燈／喜
的燈飾

352 7米5臨窗臥榻是最愛休憩角落

居家落地窗長達約7米5、高2米2，迎進大片
自然光源，是在都市住宅中難得完整的寬闊窗
景，設計師將其全部納為臥榻，選用溫和沉靜
的秋香灰色調、並在中段下嵌軟墊、搭配訂製
沙發，打造屋主可以看書報、喝咖啡的專屬渡
假「發呆亭」。

353 不同場域就轉換明亮手法

成排窗戶引進大量自然採光，因此燈光規劃採
取局部照明的設計，受光面的外側在天花置入
圓形嵌燈，內側以流明天花為廚房安排完整光
源、餐廳則以造型吊燈聚焦，並利用L型木紋
天花的兩側配置間接燈光，提供夜間環境所需
的光線。

354

圖片提供@方構制作設計

354 優勢屋高與採光襯托異國情

由於房間達3.1米屋高，加上高挑的落地窗，使之擁有極佳採光條件，另外設計師在私空間的更衣間設計選擇以玻璃隔間，讓整體視覺更顯寬敞，搭配金屬質感吊燈、白烤漆立燈與銅製桌燈等多重光源，更顯異國住宅的優雅氣息。

355 採光好無形中放大了空間

臥房空間其實不大，但因為採光效果很好，因此設計師讓室內用色盡量輕盈，原木色電視牆窗和藕紫色輕柔壁面，窗簾也特地選用白色百葉扇，讓房間藉由充足的日光帶來明亮及空間放大感。

356 立體窗型成就清新樂活視野

由於樓高位置剛好處於街道路樹的綠帶區，因此，在規劃主臥時特別將窗戶大開，藉此引入難得的綠意與天然日光，同時在窗邊設計一整排收納座榻區，為室內營造寬放視野的觀景區，也成就更清新樂活的北歐風格。

357 空間採光好的沉穩包覆

空間採光好時，能嘗試大膽一點的用色，設計師讓沉穩的色澤包圍了壁面和天花板，使空間有了一種被包覆的安全感，再選用百葉簾增加採光明亮度，增添了空間輕盈感。

355

圖片提供@思維設計

356

圖片提供@至文設計

357

圖片提供@禾光室內裝修設計有限公司

358

圖片提供＠林淵源建築事務所　攝影＠陳開至

359

圖片提供＠相即設計

360

358 光影變化為空間增添多樣面貌

基地本身風景和採光條件都很好，運用大量玻璃材質，打造明亮且通透的視覺效果。臥寢區大面開窗的設計，讓陽光自樹梢透入空間帶來光影變化，成為居家最美裝飾。全室刻意採用無隔間的作法，讓空間感更為開闊。

359 環繞動線打造室內明亮

位於頂樓的書房空間，以圖書館為概念發想、打造「不面壁」的閱讀空間。環繞式動線讓屋內每個角落都能充分擁有光線照拂，同時展現三面開窗的好條件。

360 毛玻璃明亮框景

衛浴空間的外牆為新砌的牆面，重新規畫的開窗設計，左側為清玻璃搭配捲簾；右側則利用封閉式的毛玻璃規劃「框景」概念，與室內空間協調的長寬比例，成為明亮的窗景裝飾。

361 引入光線也能欣賞風景

從建築體開始構建，藉由鏤空梯座串聯採光與通風，大面積的窗景，不僅能引入室外光線，達到無間隔的開放式採光效果，也能眺望外頭的景色，是走動的樓梯中，家的一處景色。

361

圖片提供@河馬設計

362
圖片提供@達譽設計

363
圖片提供@張立德

362 溫暖光線營造溫馨氛圍

落地窗讓平時客廳主要以自然光為主要光源，若需要
閱讀，則可使用立燈補光，效率調節所需明暗。圓
形椅凳／SCP。吊燈、茶几、原木單椅、手工陶缽／
MUUTO。沙發／VERSUS。時鐘／LEFF

363 把自然帶進家的大面窗

因為陽光得來不易，北歐人很珍惜與大自然親近的機
會，因此客廳都會盡量將窗戶開大，利用隔窗讓陽光
充分照進室內，也能與戶外的自然景觀連成一氣。

364 多開窗引入陽光

北歐一年僅有三個月會有充足陽光，所以逐光而居是
北歐人的習性，因此在客廳會採用大面窗戶設計引入
戶外光，包括窗簾也是選用白色捲簾形式，就算拉下
來也依舊感受到日光的存在。單椅／PP Møbler

364

365

圖片提供@燈昀設計

366

圖片提供@地所設計

367

圖片提供@思維設計

368

圖片提供@Partidesign Studio

365 錐形燈點綴出生活的閃亮感

在小坪數住宅中，開放式的餐廚合併區既可節省空間，又能增進家人互動連結，此案餐廳將壁面與天花板以框架造型作出餐桌面光的定位，再綴以如鑽石包覆的錐形吊燈，呈現開派對般的溫馨與閃亮感。

366 舊傢具配上好採光營造懷舊氛圍

屋子本身的採光極佳，因此使用白色百葉扇，保留明亮且緩和了強烈日光，設計師也善用了空間內的優勢，將舊原木地板重新染色，搭配老傢具及水泥色壁面，營造空間懷舊氛圍。

367 長型大面窗讓光線像一條白帶

空間本身的條件就很好，因此設計師不想浪費原有的好條件，因此保留了原本窗戶，並選用清透質感的白窗簾，中間不區分區塊，從客廳到餐廳的延展性，營造一條白色的光帶感。

368 開放性穿透光源形塑北歐居家

設計師透過開放規劃，與客廳、餐廳串連展開，並將緊鄰中島區域的餐廳，安排於靠近窗戶採光佳的位置，另外訂製長桌為孩子書桌閱讀區，方便母親料理時就近看照。 而呼應白色簡約北歐風空間配置，挑選的傢具特色呈現線條簡單、色系則為輕柔繽紛的彩度。

369

圖片提供@劉映辰設計工作室

370

圖片提供@澄橙設計

371

369 木百葉調節創造居家光影表情

在晝短夜長的北歐國家中，陽光的明亮與溫暖是最珍貴的居家裝飾，客廳窗戶達3.5米，迎進充足的光線與城市風景，利用木百葉可視需求自由調節的特性，依不同的時節交替、創造百變光影表情。室內光源則以漫射光為主，在夜幕低垂時營造溫馨休閒氣氛。單椅、茶几／有情門

370 穿透室內的明亮光源

半高的電視牆拉進客廳與廚房的距離，也增加穿透感。雖然不是大面積的引入室外光線，但透過矮牆的設計，讓空間達到開放效果，進而將光線散播於室內的每一角落。

371 間接光佐石材散發人文質感

在大面窗、充足自然光的先天優勢下，客廳藉由反面間照的手法，將光打在牆面上，搭配文化石此種凹凸面多的立體材質，柔和的光線會產生各種光影層次，進而散出微微的人文氣息，營造靜謐質感的溫暖北歐。

372 流明天花製造自然天井效果

善用客廳跟餐廳的大樑，如同劃分室內外的天然界線，讓餐廳成為擁有天井與充足採光的半戶外用餐區。事實上，餐廳區的天井是流明天花，刻意以細木條結合壓克力仿造採光罩的做法，創造宛如玻璃屋的用餐環境。

372

373

圖片提供@築青設計

373 照亮舒壓的遊戲區域

室內以大面積的窗戶為光線來源，加設白色百葉窗為調節明暗的工具。開放式設計的遊戲區域，透過自然光線的照耀，讓地坪與壁面的木材質感，透露出紓壓的悠閒感受。

374 白色木百葉映射美好光影

北歐住屋喜歡用大窗迎接自然光，折疊拉門式的實木百葉窗，還能視需求調節明暗、兼顧隱私；太陽照射時映照在木紋超耐磨地板上的光線紋路，也成為隨太陽推移變化的光影裝飾。

375 弧形天花光帶製造明亮感受

天、地、壁採用大面積的白，透過玄關折板手法、將視覺引導至弧形天花，塑造北歐風格住家獨有的個性語彙。單面的對外窗將陽光迎進客廳、和室；內側較暗處，利用弧形天花內嵌間接燈，點亮時將形成一抹光帶橫貫住家。吊燈／喜的燈飾

376 令人微笑的人造光

除了陽光能帶給人開朗愉悅的心情，人造光也可以很有趣！設計師利用L的造型木作包覆牆壁與天花的柱與樑，解決風水問題。在床頭兩側以雷射切割出兩座檯燈剪影、下方安置燈泡，完成別出心裁的床頭燈光設計。

377 小開窗也能富有趣味性

在全白的空間中，小開窗的設計，不僅解決了居住的隱私問題，錯落有致的分佈，也為空間引入光影交錯的趣味。而窗邊運用紅色單椅作為跳色，增添活潑氣息。

374

圖片提供@築青設計

375

376

377

378

圖片提供@蟲點子創意設計

378 減少隔間汲取明亮採光

開放式客、餐廳與廚房的串聯,不讓公共空間
因太多畸零地的分割破壞完整性,引進的自然
光也可以任意地在空間中流動,並且讓空間變
得更為寬敞。

379 散發性光源宛如小太陽

使用一盞燈就像是使用一顆小太陽,它最好有
寬廣的照拂,才能使光芒充斥在空間當中;普
遍而言,燈飾的位置偏低,既能使居住者感覺
更接近陽光,也可以使光線照到地面在折射回
室內,創造溫馨氛圍。

380 挹注自然光的隔間設計

北歐居家注重光線,然而面對沒有對外窗的衛
浴該如何解決?設計師巧妙將客浴視為一個量
體空間,利用對面廚房的未及頂隔間設計,讓
採光能進入衛浴,搭配清爽的用色,白天也能
明亮舒適。

381 白色竹片百葉窗,輕盈又遮光

竹片材質的百葉窗近來頗受歡迎,不但輕盈也
可以有完整的遮光效果,層層的白色竹板也散
發著一種清爽美感。

379

圖片提供@北鷗空間設計

380

圖片提供@方禾設計

381

圖片提供@禾築設計

PART 1
沉穩柔和風

透過和入大量白色而變化的粉灰派，以安穩沉靜的姿態遊走於北歐風格之中，交錯於黑與白的灰色地帶，轉化出只屬於北歐風格的寧靜與溫柔，在生活中延伸出安定的紓壓感受。

圖片提供©十一日晴設計

382
粉灰調和的寧靜感受

偏灰帶粉的色調，正突顯了北歐寧靜、沉穩的風格，以大量白色調和的粉嫩，輕綴上溫柔的表情，為生活增添一抹寧靜的色彩。

圖片提供@元均制作設計

圖片提供©好室設計

383
簡單調性的深層變化

深灰色、淺灰色、深褐色、黑色，在白色的北歐居家空間內，都能產生穩定心情的效果，而沉穩而簡潔的搭配，巧妙呼應出對比色的層次感。

384
以自然色調療癒身心

除了白色調外，北歐人也喜愛運用中性的自然色系，例如：草綠色、藍色等，並運用灰色調配來創造沉靜有層次的療癒空間。

385

圖片提供@蟲點子創意設計

386

圖片提供@馥閣設計

385 調和冰冷的溫暖北歐

天花板的裸露管線與剛毅個性的黑色軌道燈，充滿著工業風元素，生硬冰冷的空間氛圍，就以溫暖柔和的淺色木板、明亮的白牆以及樸實舒適的綠色沙發來化解，將其組構出濃厚的北歐感，巧妙為空間增添溫度。

386 質樸色系散發舒適氣息

每個人對家的想像有所不同，以明亮色系打造的廚房，沉穩的簡單樸素，讓空間飄散著舒適氣息，以台灣製作的老門板餐桌為主，搭配溫暖的黃、綠色系，為廚房增添不少溫度。

387 簡單就是最北歐的打扮

材質上除了大量的白色、木色調，空間運用鮮豔的亮色系傢具織品，打造質感舒適的休閒空間，而拆除多於隔間，不僅放大空間，也引進充足的光線。

388 柔和舒適的北歐配色

屋主的個性開朗，因此以溫馨、粉嫩的北歐風格為設計主體，讓居家呈現輕鬆無壓的空間氛圍。設計師使用小狗、狐狸形狀的傢具，點綴室內表情，營造北歐風格。

389 以亮眼點綴的溫柔肌理

素淨淺色的居宅空間，選用亮黃色系的沙發點綴，與柔和的木質氛圍相互映襯，組構出不同的居家溫度，將單純樸實的空間帶入令人為之一亮的新意。

387

圖片提供@馥閣設計

388

圖片提供@馥閣設計

389

圖片提供@馥閣設計

390

圖片提供@十一日晴設計

390 令人放鬆的藕灰色

北歐風除了經常使用白色，像是岩石的淺灰色、深灰色也都是北歐家居常見色系。主臥房壁面以柔和淡雅的藕灰色鋪陳，搭配上淺灰基調的寢具，具有安定情緒的功效。

391 低調咖啡灰穩定情緒

主臥房採取簡約的白色壁面搭配淺色木地板，然而在床頭背牆的部份，特別選用咖啡灰的色彩，除了令空間產生視覺重心之外，也突顯了整體空間的層次感。單椅／Herman Miller

391

圖片提供@Pon Design Studio

392

圖片提供@BortiDesign Studio

392 淺灰主牆襯托紅色音響

北歐居家強調回歸人在空間生活的態度，
「人」才是空間的主角，如同此案因應屋主喜
愛的亮麗紅色丹麥音響系列，因此電視主牆以
白與低調的灰色搭配而成，藉此襯托出沉穩知
性的感受。

393 簡單的深色系打造沉穩氛圍

北歐居家空間總是以白色為基調，不妨選擇深
色來粉刷一面牆，帶給空間不同的表情。在選
用傢具時，可以挑選深色的傢具來穩定空間調
性，已具有北歐線條感的傢具設計，來增添空
間的北歐氣息。

393

圖片提供@集品文創 Design Butik

394

圖片提供@元均制作設計

395

圖片提供@子境空間設計

394 自然氣息的舒適空間

北歐居家靈感多半以自然界為靈感，自然素材的運用更是常見，客廳背牆運用梧桐木作為壁板裝飾，與白色拉出豐富層次，傢具則選用沉穩的色系作為搭配，讓空間視覺充滿平穩柔和的自然感受。

395 大地色醞釀沉靜睡寢氛圍

主臥降低彩度，選擇沉穩溫潤的大地色系織品成為空間主調，天、地、壁全部留白，醞釀平靜柔和的睡寢氛圍。在床的放置上，利用稍微外移、加厚床頭等細節，巧妙避開壓樑問題。

396 深灰牆面穩重寧靜

考量主臥室為休憩用途，加上光線十分明亮，特別選用穩重的深灰色刷飾，亦與咖啡色木地板形成和諧色階，而床頭淺色木頭則扮演調和的角色。

397 用自然色系打造舒適居家

挑高住宅以具極簡美感與自然氛圍的北歐風設計為主軸。整體運用自然材質帶來的溫暖色調包圍，並加入白色勾勒出清爽的空間感，最後在櫃體及抱枕點綴森林般的綠，讓家彷彿在大自然中輕鬆舒適。

396

圖片提供＠大湖森林室內設計

397

圖片提供＠大雄設計

398

圖片提供@天境設計

399

圖片提供@王俊宏室內裝修設計

398 芥茉綠，讓空間深呼吸

女孩房床頭藉由造型包覆與間接燈光化解壓樑窘況。建材使用棕灰色噴砂梧桐木及檜木集成地板來銜接男孩房設計語彙，但主色改為帶灰的芥茉綠；一來飽和度高的顏色能強化視覺印象，二來也能創造更和緩放鬆的自然氣息。

399 多層次灰色滲入無彩主臥

不只是單純的無色彩北歐風臥房！多層次灰階使用，讓空間輪廓更加立體。天花與衣櫃在這裡就像潔白畫布，灰色調性就隨著超耐磨地板的木色帶灰、一點一點地滲透進來，直至大面灰色窗簾定調。

400 自然溫暖奶油牆色

對於屋主偏好的簡約北歐風，沙發背牆特別選用柔和的奶油色刷飾與紋理細緻的白楊木材質形成溫暖和諧的一致調性，配合住宅良好的光線，散發純淨的北歐風格。

401 舒適與自然的沉穩感受

北歐風大多數的用色偏向明亮的淺色系，不妨大膽選用深色系，來打造沉穩寧靜的北歐居家。透過沙發的深灰色與草綠色，調和空間的穩重感，散發出自然舒適感。

400

圖片提供@甘納空間設計

401

圖片提供@天境設計

402

圖片提供@甘納空間設計

402 冷暖調和的配色法

一人一貓的居住空間，在屋主嚮往的簡約北歐
生活氛圍之下，利用白與木質產生明亮與溫暖
的感受，同時透過單椅的紅、黑對比，白色
沙發上的粉嫩、土耳其藍抱枕的裝飾之下，
產生專屬屋主的北歐系居家。單椅／Herman
Miller。吊燈／Kartell

403 簡約日式和風的寧靜

北歐居家多半簡潔俐落，少做繁複裝飾，為空
間形塑出簡明線條。以素雅色系調和整體空間
的氛圍，選擇灰綠色與淺木色，搭配上簡單的
白色調，轉化出一股日式和風感。

404 沉穩卡其色沉澱心情

大地色系為臥室的色彩主軸。溫潤的自然質地
與較深濃設色，營造沉澱舒適的睡寢場域。床
頭特意選用可自由調校角度的兩盞壁燈，方便
習慣睡前閱讀的夫妻兩人使用。右邊帶點鄉村
風的綠色斗櫃為臥房小物的收納專用空間。壁
燈／喜的燈飾

405 大地色系北歐風味道

主臥房以大地色系為延伸，搭配木紋材質絕對
不會出錯，寢具顏色則可根據季節或情境作配
色，柔和粉紫色的運用讓臥房增添浪漫氣氛。
單椅／Cherner

403

圖片提供@禾築國際設計

404

圖片提供@地所設計

405

圖片提供@甘納空間設計

406

圖片提供@福研設計

407

圖片提供@和薪室內裝修設計有限公司

408

圖片提供@明代室內裝修設計有限公司

406 照映出木質柔和感受

全室以木作量身打造，對應上暖黃色的光源，照映出木質的柔和感受。再透過相同溫度的白色與黃色，粉刷區域壁面色彩，將整體室內融合為溫暖柔和的舒適氛圍。

407 舒爽明亮的柔和感

在明亮的空間中，衣櫃拉門採用灰藍色彩，呼應牆面的淺藍色調，搭配亞麻編織紋的紫色遮光窗簾，與橘色系的編織紋椅，形成令人舒服的空間彩度。

408 藍與紫烘托空間平靜氛圍

偏冷調色系的藍與紫，除了沁涼感也帶給人一抹平靜氛圍，將它們穿插運用在床頭主牆以及寢具上，相互烘托替臥房帶來舒服、平靜效果。

409 個性柔和的寧靜舒眠空間

窄長型的臥房中，利用粉藍增添柔和，營造出置身天空下的寬闊想像。刻意使床鋪墊高增加睡眠舒適度，也讓插孔更便利使用，點綴一盞多爪的造型燈，讓淺色空間更能增添個性與穩重。

410 芥末綠活化深沉木色

客廳以大地色系做色彩上的統一，因此從電視牆下的收納櫃一路延伸至窗邊的坐臥區，皆以深色木作打造，適時加上芥末綠坐墊，不只坐得舒適，更降低深色帶來的沉重感。

409

圖片提供@河馬設計

410

圖片提供@舍子美學設計

411

411 橘紅牆色注入生命力

喜愛北歐風格的夫妻倆，也希望能帶入更多繽紛的色彩，臥房經過仔細挑選，以強烈的橘紅色作為主牆顏色，提升整體質感，也呈現成熟豐富的視覺感受，而特意調低的色彩明度，也更助於睡眠。

412 鮮紅豬檯燈打造個人風格

黑、灰、白搭配灰棕色的臥房空間，安全中性色調營造無壓氛圍，透過顏色鮮艷的畫作、鮮紅造型豬檯燈，打造入門端景，塑造個人特色，予人驚艷的第一眼印象。地坪的毛巾布地毯，捲曲線條帶來溫暖的生活感。

413 綠色植栽綴點無彩空間

純粹的垂直與水平線條成為居家框架，以白色為基調加上黑色電視櫃、灰色沙發，型塑中性的無色彩空間；巧妙點綴的綠色植栽，能讓白色更加分明，並注入一絲無壓氛圍與清新的生命力。

414 沉穩明亮交錯卻和諧的空間

由水泥漆刷飾的客廳主牆，模擬油彩畫作手感，低調而富變化，與傢具傢飾大面積灰色調相呼應。搭配地毯、蘇格蘭圓形椅凳、鮮黃邊几，並運用羊毛材質與鮮黃的溫暖視感，緩和水泥漆冷調，令整體視覺不會過於冰冷。圓形椅凳／SCP。吊燈、茶几、原木單椅、手工陶缽、原木掛勾／MUUTO。沙發／VERSUS

412

圖片提供@相即設計

413

414

415

圖片提供@達譽設計

416

圖片提供@

415 色彩傢具反映生活態度

設計師打造住家框架主軸、女主人挑選設計傢具賦予住家靈魂，兩者的合作無間圓滿了北歐風格的夢想。白色與木色做背景，搭配灰色為主的沙發量體，點綴從蜜月旅行帶回來的抽象畫、蘇格蘭羔羊毛圓形椅凳、鮮黃邊几，客廳層次馬上豐富了起來。

416 穩重中帶溫暖的空間配色

空間內巧妙運用了數種不同顏色來做搭配，黑色收納櫃壁面、原木貼皮壁面、白色天花板和窗框的杉木貼皮，加上地板和臥榻地面以不同配色區分區塊，利用顏色讓空間功能性分明又不失舒適感。

417 純白背景有如置身北歐國度

由落地窗引進陽光，純淨剔透的純白背景抹上一絲暖意；橡木地板、亞麻色沙發，綴點鮮綠色的花器裝飾，為空間注入了生命。日光、簡潔線條、純白背景，搭配綠色植栽、木地坪，讓人就像親身飛到北歐度假一般。

418 滾邊強化輪廓突顯存在感

灰＋白無色彩是北歐常見的配色方式，但客廳特意採用灰＋灰，灰色背牆搭配咖啡灰布沙發，卻不顯得主題模糊，原來設計師在沙發邊緣滾上深色勾邊、強化輪廓線，所以能在相近背景中強調存在感；點綴的馬頭壁燈帶來一點紳士、一點趣味。小狗椅／Magis。茶几／Offi Scando Table

417

圖片提供@頑渼設計

418

圖片提供@橙白設計

419

圖片提供@集青設計

419 淡灰沙發背牆放大空間

北歐人善用色彩，除了體現美感也具備功能性。沙發背牆以淡灰作主色，在一旁淺色木作與黑白背景襯托中，達到模糊實牆界定、後退的感覺。深灰沙發上利用高彩度的孔雀藍色抱枕穿插純白，亮眼色彩凝聚視覺焦點。壁燈／喜的燈飾

420 深木紋撞色灰藍擦出摩登感

在採光明亮的北歐風住宅中，利用雙開大拉門做界定的書房同樣可享受寬敞空間感，而在書牆的色彩計劃上捨棄安全的淺色調，改採以深灰藍牆面作底，搭配深色木紋櫃呈現出摩登現代感，也讓空間散發沉穩氣息。

421 暖灰色系讓北歐風甜美不膩

以紫色沙發傢具為設計起點，扭轉國內常見的清新北歐風印象，採用了特殊肌理的沙發主牆搭配書桌前暖灰色調牆面，經營出淡雅柔美的空間氛圍，搭配屋主收藏的畫作、貝殼鏡飾，襯托出沉穩北歐格調。

422 黑櫃色塊映襯木牆沉穩之美

為了改變原本舊式裝潢的老氣感，先進行格局微調，公共區因書房開放而變得明亮寬敞，並在客廳主牆運用大面積木皮搭配灰、黑色櫃體設計，營造沉穩而內斂的空間基調，木地板與木牆的紋理方向性則讓空間有延伸效果。

420

421

422

423

圖片提供@蟲點子創意設計

424

圖片提供@耀昀創意設計

423 用色彩玩出空間專屬感

期待回家後能夠徹底放鬆心情，於是設計師選擇在採光極佳的書房，運用綠色作為主要牆面，一方面為空間注入更多的悠閒氛圍，另一方面也滿足屋主對家的專屬感，更特別挑選跳色餐椅，讓空間更活潑有生命力。

424 純白北歐的一點愉悅色彩

大面積以白作為主色，描繪空間的理性和冷靜的個性，木質傢具的融入讓略微冷調空間溫度得以平衡，輕點一些色彩鮮明的小物件，正是打造北歐居家不可缺的要素。

425 臥房注入不同色彩

主臥以屋主迷戀的紫色調、白色為基底，淺粉色作為床頭主牆色，選用黑白花卉寢具、芥末綠單椅搭配，達到冷暖調和的效果，營造不同風情的北歐視覺。

426 粉嫩色彩鋪上牆面

採光充足的臥房以白色木百葉和白色牆面呼應明亮感，主牆選用蒂芬尼藍，櫃體則用淺色木皮，為空間注入清新與活力。

427 沉穩醞釀不同光景

書房空間以穩重的深木色為主，搭配簡約的白色牆面，深淺不一的色彩能增添空間層次感。選用深色的百葉窗，調節光線，呈現出沉穩的光影變化，照映在室內，透露出屋主有品味的質感選擇。

425

圖片提供@好室設計

426

圖片提供@PartiDesign Studio

427

圖片提供@尚生國際設計有限公司

CHAPTER 4
色彩配置

PART 2
跳色活潑風

北歐人大膽玩色的手法，飽
和色調的對比效果，在一片
和諧的視覺中成為衝擊的亮
點，為空間帶來與眾不同的
活潑生命力。

圖片提供©好室設計

428
鮮豔色彩的活潑調性

不妨從擺飾或燈飾著手，選擇正紅色、正黃
色、正藍色、正綠色等彩度高、明度也高的
顏色來點綴居家，或是直接選擇一面牆面，
讓空間更有亮點！

圖片提供@十一日晴設計

429
混搭的視覺平衡概念

鮮豔繽紛的顏色放在同一空間，容易造成視覺上的凌亂。以色塊的概念進行混搭，同一空間中，色塊與花樣各不超過三種，但顏色可以相同或相關，以維持視覺的平衡感。

430
單一高彩度大膽玩色

運用彩度高的繽紛色調，也是北歐人的拿手好菜，想要入門北歐風用色技巧，可在單一牆面塗上鮮豔色彩，或是在單一色系的牆上塗上一條亮眼的色帶，或是將櫃子擦上令人眼睛為之一亮的色彩都是訣竅。

圖片提供@双設計建築室內總研所

圖片提供@Yvonne

431
點綴螢光展示北歐摩登

高階版的北歐配色方法是將螢光色系使用在局部空間中，無論是傢俱、窗簾、門簾或是擺飾中，白天在自然光下可使空間更為突出，夜裡則展示北歐摩登風情。

432

圖片提供@彗星設計

433

圖片提供@馥閣設計

432 跳色櫃體的活潑生命力

櫃體搭配鮮明的暖色調與天然木皮，不規則的將三種四邊櫃如積木般組合，映襯上水藍色牆面，在陽光照映下，成為居家溫暖且活潑的一處景色。

433 高彩度的繽紛佈置法

彩度與明度都高的鮮豔色系，北歐人其實也非常喜歡，在一片單一色系的壁面中，塗上一條鮮豔不過的彩帶，讓整體空間在視覺上變得活潑。憑著自己的喜好，只要注意明度高低，即可創造出屬於自己的繽紛北歐居家。

434 繽紛簡單的北歐居宅

與愛家的北歐人一樣，每個角落都是為家人量身訂做的空間，融合著極簡白色、原木與大量日光，再運用繽紛顏色跳脫出單調，打造出專屬於他們的幸福空間，讓來訪的客人都能夠細細品味屋裡的溫度。

434

圖片提供@好室設計

435 鮮明藝術作品讓空間更具特色

北歐風格多以白色為基調，可以適度在空間中，植入一些色彩鮮明的畫作、掛飾，增添藝術氣息，同時也能展現出個人特色。

436 鮮豔色彩點綴溫馨

瑞典IKEACommunications設計師的家，其小孩房中除了開窗保留自然光外，還使用了各式燈具，如吊燈、壁燈、立燈等，藉由其散發出來的柔黃光線，讓室內更加溫馨，透過玩具色彩的點綴，也讓空間活潑了起來。

圖片提供@IKEA

436

圖片提供@IKEA

437

437 繽紛軟件創造活潑視覺

這是間兒童房，為了讓視覺饒富童趣，運用帶
有繽紛色彩與圖案的寢具、窗簾做鋪陳，不但
能培養孩童對顏色的認識能力，也讓空間變得
相當活潑。

438 打造孩童房的俏皮感

北歐人相當重視家庭的每一份子，因此對於居
家規劃也會以每個家庭成員為重心，規劃孩童
房就是一件不容忽略的事情。以繽紛的傢飾
品，點綴全白的空間，讓室內充滿歡樂活潑的
北歐氛圍。

438

439

圖片提供@十一日晴設計

440

攝影@Yvonne

439 鵝黃色增加休憩舒眠度

鵝黃色空間搭配白色傢具的使用，讓整體的柔和度加分許多，也使睡眠感受更加舒適，一方面設計師刻意選用明度稍低的黃色來增加溫暖效果，亦保持空間的朝氣活力印象。

440 紅色鋪陳偕同白椅創造對比美感

餐廳使用紅色鋪陳，讓空間不單調之外，還使用鏡面材質，可反射創造寬闊感，搭配現成的白色餐椅，線條同樣簡約、色彩依舊飽和，共同創造出對比美感。

441 跳色對比的明亮色塊

透面壁面色彩來打造活潑的居家空間，透過搶眼的亮黃色點出活潑感，再帶入藍綠色賦予空間穩重感受，草綠色與白色則做為調和、緩衝的對比元素，將空間營造出活力生命感。

442 同色彩使空間更完整

北歐風經常使用濃郁且高彩度、亮度的色彩，創造強烈的主題性，公共區域運用同一個土耳其藍色彩作連貫，讓沒有實牆的空間更完整、有延續性，土耳其藍也帶入生命的韻味。

441　圖片提供@十一日晴設計

442　圖片提供@十一日晴設計

443

圖片提供@天境設計

444

圖片提供@十一日晴設計

445

圖片提供@元均制作設計

443 黑板漆牆揮灑無限創意

男孩房使用丹麥進口的湖水藍黑板漆突顯主牆，大面積色塊帶出爽朗印象，也提供主人塗鴉、秀自我的創意舞台。周邊櫃體用梧桐木作噴砂處理哩，沉穩的棕灰色調與地板的檜木集成紋理應和，讓整體視效顯得大方不呆版。

444 具舒緩魔力的草綠色

臥室牆面用較為濃郁的草綠色，成功將戶外公園綠意延伸入內，佈滿大自然的氣息，而使用飽和度較高的綠色，比起青草綠更能使空間沉穩，卻又不失輕爽。

445 條紋配色化解沉悶

利用木紋、黑色調為主軸的臥房，為平衡略為沉重的色調，特別選擇將一面牆刷飾較為明亮的紫色，並且穿插綠色、灰色做條紋點綴，讓簡約的北歐空間賦予時尚氛圍。

446 散發活力的橘色廚房

熱愛運動的男主人，給人的印象就是充滿活力、爽朗的，同時又是個愛做菜的新好男人，因此設計師特別在廚房壁面挑選明亮的橘色烤漆玻璃，與白色廚具相互對比，讓空間充滿元氣！

447 趣味圖像搭配繽紛色彩

北歐人重視療癒感，因此總是發明許多趣味圖像以及帶詼諧感的傢具或傢飾，透過花色壁布來點綴空間，不僅讓人覺得有趣，在空間內與蜻蜓點水的方式佈置，就能讓空間更加分。

446 圖片提供@十一日晴設計

447 圖片提供@IKEA

448
圖片提供@方構制作設計

449
圖片提供@至文設計

448 活力黃為更衣間注入生命感

更衣間設計雖以實用機能為主，但風格仍延
續屋主喜愛的鮮明色調，將局部櫃門漆以明
亮黃色塊，讓機能空間充滿活力感；特別是
搭配鏤空櫃體可讓視覺更自由無壓，同時收
納方式多元、完整。

449 繽紛暖色為餐廚區注入活力

原本狹長且採光不佳的問題格局，因開放設
計及清雅色調的木牆櫃整合，讓空間質感轉
為乾淨而簡約，同時滿足收納需求。在開放
餐廚區，設計師挑選繽紛暖調的彩色餐椅，
搭配樸實木桌以凸顯餐廚區的溫馨與活力。

450

450 局部鮮麗傢具讓空間變活潑

想要空間擁有活力，但又不想太過活躍，
可以嘗試單件傢具顏色較為鮮明的跳色手
法，讓空間的視覺有重點。建議當傢具用
色較強烈時，空間內其他的配色可以盡量
輕一些，視覺感才不會過於壓迫。

451

圖片提供@覓得設計傢俬

452

圖片提供@耀昀創意設計

451 用濃橘滋養陽光心情

客廳僅單面採光，加上屋主偏好明亮飽和的
色彩，於是將沙發背牆刷上濃橘點亮場域活
力。空間中以顏色穩重木傢具勾勒端莊氛
圍，但透過墨綠皮革沙發反襯牆色，再藉橘
紅潘頓椅強化同色系層次，讓每天洋溢明
亮好氣色。椅子／Verner Panton S Chair。
丹麥柚木茶几／Grete Jalk teak coffee table

452 如草莓慕斯般的甜美北國配色

小女孩的專屬天地，牆面採用淡雅的粉紅色
營造天真的氣息，與收納櫃及地板的暖白
色，打造出甜美又清爽的北歐氛圍。

453 多彩單椅形成活潑焦點

將書桌檯面結合系統木作矮櫃，成為延伸流
暢的量體設計，滿足收納需求；同時在溫潤
的木調之中，搭配傢具做出原色混搭佈置，
透過木色、藍色、黃色等造型各異的單椅，
繽紛焦點。

454 沉穩靛藍色工作也很舒適

由黑色烤漆玻璃搭配白櫃體，勾勒2坪大獨立
書房的簡潔背景。因應常需要在晚上工作的
男主人，主牆面塗上他最愛的靛藍色，提升
彩度，未來再加上一座沙發床，就是最沉穩
舒適的居家工作場域。

453

圖片提供@双設計建築室內總研所

454

圖片提供@橙白設計

CHAPTER 4
色彩配置

PART 3
明亮清爽風

透過和入大量白色而變化的
粉灰派,以安穩沉靜的姿態
遊走於北歐風格之中,交錯
於黑與白的灰色地帶,轉化
出只屬於北歐風格的寧靜與
溫柔,在生活中延伸出安定
的紓壓感受。

圖片提供@尚藝設計

455
冷暖色調搭配明亮輕快

想要呈現北歐的簡單明快感,最基本可以利用白與木構
成整體空間,可點紅、黑等對比色系,或再隨意鋪成粉
嫩色調,即是最基本也最容易的北歐個性。

圖片提供@禾樂國際設計

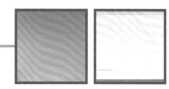

456
海風帶來的悠閒風格
特殊的地理位置，使湖泊與水成為重要的北歐自然元素，因此海洋風也是居家風格中的重點之一，藍色元素帶出度假氣息，搭配上的白色的明亮感，就是清爽的代表配色！

457
自然木感延伸的大地色系
由木頭顏色延伸出的大地色系，從咖啡色、卡其色、米色等，相互搭配出豐富層次感，並與戶外陽光呼應，營造出自然舒適的明亮感。

圖片提供©地所設計

圖片提供©直學設計

458
黑灰白打造現代感北歐色調
本來就深受現代風影響的北歐風，如果希望偏現代風一些，不妨可以將顏色簡化，多運用純黑、純白色色系，並搭配幾何條紋的運用，即能打造明亮又具現代都會個性的北歐風。

459

圖片提供@耀昀設計

460

圖片提供@地所設計

461

圖片提供＠思維設計

459 令人愉悅的閱讀空間

有別於其他空間的淡雅清白，在書房則洋溢
著飽滿的鮮黃，在充滿陽光與朝氣的氛圍下
工作閱讀，不僅有助於明亮的視線，心情也
跟著輕鬆愉快起來。

460 湖水綠配色讓視覺更放鬆

這是位小妹妹的房間，因為學習了許多才
藝，生活節奏比較緊張些，因此設計師選用
了湖水綠壁面搭配白色收納櫃體，讓空間顯
得輕鬆自在，視覺更為清爽。

461 白色配原木產生明亮清爽感

原木色本來就讓人感到溫暖，配上白色更有
種清爽明亮的視覺效果。尤其原木配色皆運
用在天花板和立面的收納櫃，很自然地成為
空間內的視覺區塊。

462

圖片提供@IKEA

463

圖片提供@IKEA

462 木質感映襯人文明亮氣息

木材質的床架與地板相映襯，描繪出明亮的
人文質感，搭配上清新風格的床組，飄散花
樣與線條，為空間帶上一層明亮北歐感受。

463 簡單色調也能玩出混搭味道

臥房以黑、白兩色做表現，但其中還注入了
些許圖騰，讓看似簡單的色調，既能玩出混
搭味道，也不會感到不協調，加上陽光點綴
後，傳遞出明亮的清爽感受。

464 打造寧靜無壓睡眠空間

以輕淺色調的雙木夾板打造線條簡約的床頭櫃及側牆收納櫃，滿足簡單的收納功能，並輔以色調淡雅的床組；整體輕柔用色透露無壓、療癒氣息，極簡化的設計則減少視覺過多干擾，換得可以沉靜入睡的好眠空間。

465 簡約色系形塑和諧氛圍

整體空間以白做舖陳，白色的簡練讓20坪的空間有了放大效果。另外在木作部份採用淺色梧桐木，讓原木色系溫暖白的冰冷，並適時加入色彩豐富的傢具、傢飾做點綴，在增添空間色彩之餘，也展現屬於北歐家的生活味。

464

圖片提供@KC DESIGN

465

圖片提供@KC DESIGN

466

圖片提供@上陽設計

467

圖片提供@上陽設計

466 用彩牆對比讓空間清爽

客廳使用帶有森林色彩的藍綠色，在簡約的
現代空間中刻畫焦點，也襯托淺灰沙發與白
色茶几，讓簡單線條的傢具更加立體。沙
發、茶几／Kelly Hoppen

467 透過傢具營造清新感受

以綠色牆面為底，襯出造型簡約的白色單
椅，不成套的椅子組合特意搭配一張橘色
椅，讓強烈的色彩形成視覺焦點，也讓傢具
的搭配多了點趣味；造型以輕巧簡潔、低矮
的款式為主，則是為了讓視覺達到清新效果
的選擇與安排。單椅／Herman Miller

468 深色也能打造清爽感

使用大量白色的居家空間，相當明亮且輕盈，若想感受些許沉穩氣息，不妨透過深色傢具來穩定空間調性，營造明亮清爽卻不失沉靜。

469 明亮的淺色系氛圍

北歐風居家設計，白是一個重點。並在廚房以淺藍色調與亮橘色系為跳色對比，搭配清爽的壁面磁磚，形成舒適宜人的空間樣貌。

468

圖片提供@集品文創 Design Butik

469

圖片提供@方禾設計

470

470 清爽與柔和的明亮寢室

寢室以明亮的光線灑滿室內，牆面選擇粉藍色作為鋪陳，帶出清爽舒適的視覺涼感，再以壁面上的木質櫃體作為點綴，加入些許自然氣息，而寢具也選用白色系，讓人一覺醒來就身處舒適的清爽空間。

471

圖片提供@北鷗室內設計

471 我家的客廳好自「藍」

喜歡開放式公共空間的北歐居家，一片白色裡將其中一面牆漆成漂亮的水藍色，心情也跟著海闊天空、清爽開朗。

472 綠意串聯，室內外縈繞自然味

獨棟別墅具備三面採光的絕佳優勢，是真正被綠意包圍的現代美居。室內以白、黑、木色打底，點綴墨綠色壁面、地毯，與窗景相呼應；架高處孩子的鮮紅色木馬搖啊搖，成為室內一抹令人驚豔的童趣景致。百葉簾／Halsey

473 混搭風格的明亮空間

位於最佳採光位置的客廳，以白色磚牆與天空藍沙發背牆，呼應窗外撒落的自然光線，並以藍色櫃體延伸明亮概念，營造出輕鬆、休閒氛圍且線條俐落的簡潔北歐空間。

474 清爽色系突顯北歐休閒感

由於屋主夫婦皆從事航空相關職業，因此在臥室以一幅手繪街景畫，搭配松木夾板，並以色彩鮮艷的傢具做點綴，自然在臥房交織出悠閒的北歐氛圍。

472

圖片提供@地所設計

473

圖片提供@好室設計

474

圖片提供@好室設計

475

圖片提供@尚藝設計

476

圖片提供@福研設計

477

圖片提供@福研設計

475 自然手法讓空間更顯純淨

客廳以白色為基調，背景配襯餐廳牆面大地色塗漆，跳色手法令整體視覺更加乾淨。設計師特別選用原木樹幹切片作茶几，天然材質與粗獷輪廓打破規則的線條，為空間注入一股放鬆呼吸的自然北歐氣息。

476 白色帶出質樸與明亮

客廳以白色為主要色調，選擇淺色木作與綠色織品等其他淡雅色系作為搭配傳遞出自然的質樸與現代風格的俐落，明亮簡約色調讓空間不需要大量光線也能呈現明亮感受。

477 顏色與人的互動，家更有溫度

為空間創造愉悅的律動感，那就著手將顏色放進來吧！在木頭色跟白色空間裡，選用黃色黑板漆做為廚房隔間的表面材質，機能上讓拉門兼具塗鴉板功能，視覺上同色系使空間具有整體及協調感，讓北歐風跳脫白色印象，也將生活帶入空間。

478 淡綠色讓室內飄進一抹青草香

延續地坪和整體空間的自然北歐氛圍，在牆面上刷上淡綠色，宛如自然綠意注入空間，不僅平衡整體顏色，也讓室內飄進一抹青草香。

479 幸運草壁飾放鬆悠閒

素雅的白牆上，設計師特別以鐵件烤漆打造12朵大大小小的幸運草，作為沙發背牆裝飾，而沙發則選用草綠色做為呼應，讓整體空間營造出一股悠閒的自然氣息。

478

圖片提供@明代室內裝修設計有限公司

479

圖片提供@明代室內裝修設計有限公司

480

圖片提供©得利塗料

480 薄荷綠的清新感受

自然光對北歐人來說相當重要,於是開窗便是
北歐風的必備條件,使用清新涼爽的薄荷綠,
讓空間更加的明亮與清爽,讓人不覺得不舒
服,還能賦予空間多種表情。

481

481 北歐鄉村風繽紛意象

運用北歐鄉村風的居家除了使用仿舊的元素
外,具自然質感的木材質也是呈現手法之一,
從木地板到台灣設計的老門板餐桌,讓木材融
入簡約溫馨的居家空間,而中島的鵝黃色對比
草綠色櫃體,呈現繽紛意象。

482 滿版鵝黃打造入門款北歐意象

如果對於北歐的鮮豔對比色有點難以掌控也可
以試試較如容易入手的黃色系,滿版鵝黃色衣
櫃與窗台的鮮黃躺椅相互呼應,而設計師將電
視櫃與衣櫃結合,拉門設計可任意調整位置,
隱藏式線路也不會影響整體美觀。

482

483
圖片提供@禾光室內裝修設計有限公司

483 一片淡藍，一種小清新

一體成型的門與牆，漆上淡藍色來做鋪陳，帶給人寧靜、沉澱之作用，也充滿著小清新感受，結合溝縫的線條設計帶出淡淡的鄉村氣息，也使空間更具變化性。此外，配上一張鮮豔紫色單椅，拉出視覺層次。

484 馬卡龍配色空間變得好甜美

空間裡使用「馬卡龍」色調來做配色，注入帶有帶粉嫩味道的稻禾色、紫色等，讓水泥四方盒子不只溫暖，還多了點甜美。

485 牆面散發出清爽綠意

在光線充足的明亮空間中，簡約樸質的木質地板隱身氣息，大膽選擇一面牆，漆上亮綠色來提亮空間氛圍，營造出清新的自然感受，讓人身處其中時舒適無壓。

486 清草綠臥室充滿著朝氣

小孩房採用青草綠色來作表現，並在壁面上加入童趣意象壁貼，前者讓空間充滿著朝氣，後者則是注入活潑氛圍，也增添自然生活感。

484
圖片提供@禾光室內裝修設計有限公司

485

486

487

圖片提供@直學設計

488

圖片提供@直學設計

487 條紋延伸出的簡約明亮

明亮的居家空間是北歐風格的重點之一，當採光條件充足時，可以透過線條紋路與涼感配色的選擇，將視覺效果呈現為舒適且涼爽的氛圍，散發自然的北歐氣息。

488 黑白灰調出都會律動感

電視牆面的白灰交錯色塊，將後方的線路隱藏起來，是設計師用塑料捲簾布設計的，可一片片拆下。下方的矮櫃也以同色系噴漆延續，中性的顏色，和空間選用的木質色與深金屬色相互調和，塑造溫暖又有個性的北歐風居家。選桌／DUENDE

489 手繪抽象畫成色彩主軸

特調的白漆、綠板岩地坪作背景，以屋主夫婦親手繪製的抽象畫為主題、裝飾牆面。深灰色絨布沙發讓淺色住家視覺更加沉穩，也增添一絲暖調特性；客廳中央特別以原木小凳拼成茶几，當三代同堂時可以變身多個座位。休閒椅／Vitra。椅凳／Ottoma

490 湖水藍展現活力清爽

小孩房色彩交由孩子決定，培養他的認同感，是訓練獨立睡覺的第一步！小孩選的湖水藍烤漆玻璃作為兒童房床頭主牆，可供書寫、繪畫使用，明亮清爽的色系也能刺激孩子感官。

491 溫暖的舒適明亮氛圍

透過客廳的黃色牆面，穿透光線所帶來的溫暖氣息，給予空間明亮與些許溫馨感受。而屋主利用枯木打造支架，不僅兼顧了惜物與創意，也為氛圍增添自然溫度。

489

圖片提供@青埕設計

490

圖片提供@相即設計

491

圖片提供@覓得設計傢私

492

圖片提供@逸喬設計

493

圖片提供@橙白設計

492 同色系統一空間調性

以簡潔明亮的北歐風為設計主軸，主牆選用鮮明的綠色為居家帶來躍動的生活感，同時繽紛的地毯和抱枕也不約而同選用相同色系，讓整體的調性更為一致協調。單椅／Herman Miller

493 清新蘋果綠迎接新生兒

在白與梧桐木環繞全室的住家中，小孩房使用蘋果綠塗佈牆面，營造活潑清新視覺感受，讓女主人以開心愉快的心情迎接寶寶。並透過天花鋪貼梧桐木的方式，隱性界定餐廳場域。單椅／Herman Miller

494 明亮色系讓空間更寬闊

延續北歐風格的原木個性，廚房利用直紋與山形紋交錯的榆木做為隔間，餐桌椅則同樣選用觸感細緻的木材質，與上方的仿舊金屬吊燈相呼應。因應空間不大，選擇明亮的白色與木色作為整體的主色調，讓空間達到放大效果。餐桌、單椅、茶几／有情門

495 俏綠跳色綴點淺色輕盈小宅

以白色為基底的清淺色調予人明亮的第一印象；融入紋理鮮明的木作隔間、點綴鮮綠的小物件跳色，營造自然入室的清爽感受。深藍色沙發、黑色吊燈、墨鏡展示架則是利用小比例的深色調增加空間「重量」，令居家輕盈又不失沉穩。餐桌、單椅、茶几／有情門

496 藍色牆面畫龍點睛

在空間色調上設計師保持北歐風一貫的簡潔清爽，只在位於書桌旁的牆面刷上沉靜藍色，成為公共空間的視線焦點，亦為恬靜清爽的北歐風格畫龍點睛添上一筆色彩。

494

495

496

497

圖片提供@領設計

498

圖片提供@聲聚室內設計

497 清新自然的人文感受

牆面塗布健康綠建材—矽藻土，表面
自然的凹凸觸感，從客廳延伸餐廳廊
道，營造斑駁的歷史質感也呼應白色
文化石的人文質感。透過地毯與單椅
的綠色，更將整體調和為清新自然的
居家空間。

498 濃淡有致的豐富層次感

線條簡潔、冷靜的材質語彙，細膩的
燈光應用，是北歐風格不浮誇、讓人
感到舒適的原因。投射燈光源於室
內，描繪出濃淡有致的米白色調，使
空間調性一致，層次豐富。

499 清爽優雅的起居空間

臥室以清爽平淡的米白色系為主題，
輔以淺色質感木門，讓簡約質樸的北
歐風受吹進寢室空間，屋主下班時能
夠在此放鬆身心，達到完美效果。

500 石材變色增加家的溫度

大多數人對於文化石的印象是白色，
其實只要整體空間搭配得宜，一樣可
以選擇將文化石漆成黃色，加上微黃
的燈光與綠色地毯互相呼應，就能營
造出家的溫度。

499

圖片提供@懷生國際設計有限公司

500

圖片提供@蟲點子創意設計

國家圖書館出版品預行編目 (CIP) 資料

設計師不傳的私房秘技：北歐風空間設
計 500【暢銷改版】/ 漂亮家居編輯部著.
-- 三版 . -- 臺北市：麥浩斯出版：家庭傳
媒城邦分公司發行，2018.02
面；　公分 . -- (Ideal home ; 56)
ISBN 978-986-408-352-7(平裝)

1. 家庭佈置 2. 室內設計 3. 空間設計

422.5　　　　　　　　　　106024610

IDEAL HOME 56

設計師不傳私房秘技：北歐風空間設計 500【暢銷改版】

作　　　者	漂亮家居編輯部
責任編輯	李與真
文字編輯	鄭雅分、蔡婷如
封面 & 美術設計	Eddie Lin
行銷企劃	呂睿穎

發 行 人	何飛鵬
總 經 理	李淑霞
社　　長	林孟葦
總 編 輯	張麗寶
副總編輯	楊宜倩
叢書主編	許嘉芬

出　　版	城邦文化事業股份有限公司 麥浩斯出版
地　　址	104 台北市中山區民生東路二段 141 號 8F
電　　話	（02）2500-7578
傳　　真	（02）2500-1916
E - m a i l	cs@myhomelife.com.tw
發　　行	英屬蓋曼群島商家庭傳媒股份有限公司城邦分公司
地　　址	104 台北市民生東路二段 141 號 2F
讀者服務專線	0800-020-299 （週一至週五 AM09:30 ～ 12:00；PM01:30 ～ PM05:00）
讀者服務傳真	（02）2517-0999
劃撥帳號	1983-3516
劃撥戶名	英屬蓋曼群島商家庭傳媒股份有限公司城邦分公司

香港發行	城邦 (香港) 出版集團有限公司
地　　址	香港灣仔駱克道 193 號東超商業中心 1 樓
電　　話	852-2508-6231
傳　　真	852-2578-9337
電子信箱	hkcite@biznetvigator.com

馬新發行	城邦〈馬新〉出版集團 Cite（M）Sdn.Bhd.（458372U）
地　　址	41, Jalan Radin Anum, Bandar Baru Sri Petaling, 57000 Kuala Lumpur, Malaysia.
電　　話	（603）9056-2266
傳　　真	（603）9056-8822

製　　版	凱林彩印股份有限公司
印　　刷	凱林彩印股份有限公司
版　　次	2021 年 2 月三版 4 刷
定　　價	新台幣 450 元

Printed in Taiwan